Erwin Dee Kord (Hrsg.)

Argillières

Erwin Dee Kord (Hrsg.)

Argillières

Haute-Saône, Franche-Comté, Champlitte,
Besançon, Salon

Solv

Publisher:
Solv is a trademark of
International Book Market Service Ltd., 17 Rue Meldrum, Beau Bassin, 1713-01 Mauritius
Email: info@bookmarketservice.com
Website: www.bookmarketservice.com

Published in 2011

Printed in: U.S.A., U.K., Germany. This book was not produced in Mauritius.

ISBN: 978-613-9-29968-3

Contents

Articles

References

Argillières

<table>
<tr><td colspan="2" align="center">Argillières</td></tr>
<tr><td colspan="2" align="center">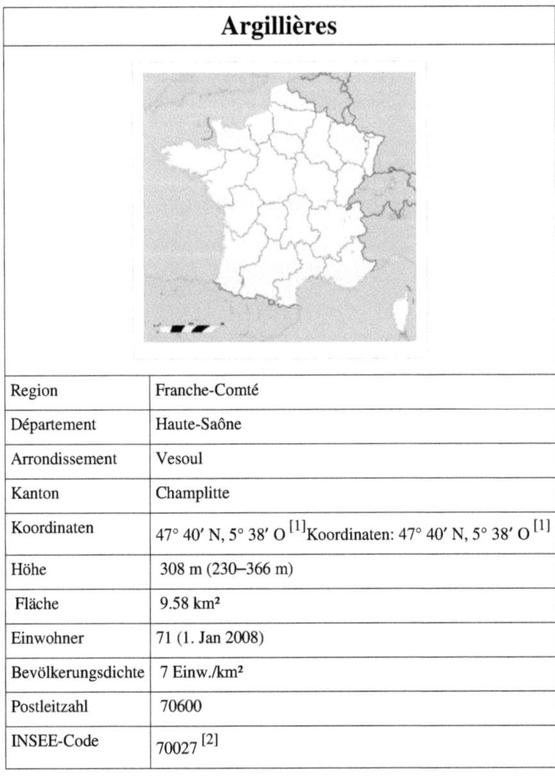</td></tr>
<tr><td>Region</td><td>Franche-Comté</td></tr>
<tr><td>Département</td><td>Haute-Saône</td></tr>
<tr><td>Arrondissement</td><td>Vesoul</td></tr>
<tr><td>Kanton</td><td>Champlitte</td></tr>
<tr><td>Koordinaten</td><td>47° 40′ N, 5° 38′ O [1]Koordinaten: 47° 40′ N, 5° 38′ O [1]</td></tr>
<tr><td>Höhe</td><td>308 m (230–366 m)</td></tr>
<tr><td>Fläche</td><td>9.58 km²</td></tr>
<tr><td>Einwohner</td><td>71 (1. Jan 2008)</td></tr>
<tr><td>Bevölkerungsdichte</td><td>7 Einw./km²</td></tr>
<tr><td>Postleitzahl</td><td>70600</td></tr>
<tr><td>INSEE-Code</td><td>70027 [2]</td></tr>
</table>

Argillières ist eine Gemeinde im französischen Département Haute-Saône in der Region Franche-Comté.

Geographie

Argillières liegt auf einer Höhe von 300 m über dem Meeresspiegel, 11 km nordöstlich von Champlitte und etwa 56 km nordwestlich der Stadt Besançon (Luftlinie). Das Dorf erstreckt sich im Westen des Départements, in der Plateaulandschaft zwischen den Tälern von Salon und Vannon, nordwestlich des Saônetals.

Die Fläche des 9.58 km² großen Gemeindegebiets umfasst einen Abschnitt im Bereich der leicht gewellten Landschaft nördlich des Saônetals. Die Plateaulandschaft liegt durchschnittlich auf 300 m und weist mehrere Mulden und Senken auf, darunter die Combe des Charmes südlich des Dorfes. Die Hochfläche besteht aus einer Wechsellagerung von kalkigen und sandig-mergeligen Sedimenten der mittleren und oberen Jurazeit. Auf dem Plateau herrscht landwirtschaftliche Nutzung vor, doch gibt es auch größere Waldflächen, insbesondere entlang der Gemeindegrenzen. Im Norden und Osten wird das Plateau vom Trockental des Vannon eingefasst. Der Fluss fließt in diesem Bereich unterirdisch. Nach Südwesten erstreckt sich das Gemeindeareal zu den Waldhöhen des *Mont Aubert* mit dem *Bois de l'Hospice*, auf dem mit 366 m die höchste Erhebung von Argillières erreicht wird. Im Westen bildet die Anhöhe von Saint-Martin (bis 359 m) die Abgrenzung. Auf dem gesamten Gebiet gibt es keine oberirdischen Fließgewässer, weil das Niederschlagswasser im verkarsteten Untergrund versickert.

Zu Argillières gehört die Weilersiedlung *Velleguibelle* (310 m) am Nordfuß der Höhe von Saint-Martin. Nachbargemeinden von Argillières sind Tornay und Gilley im Norden, Fouvent-Saint-Andoche im Osten und Süden sowie Pierrecourt und Champlitte im Westen.

Geschichte

Verschiedene Funde von Silex-Werkzeugen weisen auf eine Besiedlung des Gemeindegebietes im Paläolithikum hin. 1883 wurden bei Ausgrabungen die Fundamente von drei Häusern aus der gallorömischen Zeit entdeckt und eine Bronzefibel sowie zahlreiche Keramikfragmente zutage gefördert.

Argillières wird 1202 als *Argilleres* erwähnt. Der Ortsname leitet sich vom lateinischen Wort *argilla* in der Bedeutung von *weißer Ton* ab. Im Mittelalter gehörte Argillières zur Freigrafschaft Burgund und darin zum Gebiet des Baillage d'Amont. Die lokale Herrschaft hatten im 12. Jahrhundert zunächst die Herren von Fouvent inne, danach ging der Ort an die Herrschaft Ray über. Diese überließen den Zehnten 1292 dem Kloster Theuley. Der Ort wurde 1569 von Truppen des Herzogs von Zweibrücken geplündert und gebrandschatzt. Auch während des Dreißigjährigen Krieges wurde Argillières 1636 stark in Mitleidenschaft gezogen. Zusammen mit der Franche-Comté gelangte das Dorf mit dem Frieden von Nimwegen 1678 definitiv an Frankreich. Heute ist Argillières Mitglied des 42 Ortschaften umfassenden Gemeindeverbandes Communauté de communes des Quatre Rivières.

Sehenswürdigkeiten

Die einschiffige Dorfkirche von Argillières wurde im 18. Jahrhundert erbaut und 1985 restauriert; 2001 wurde auch der Glockenturm erneuert. Sie beherbergt eine Statue des heiligen Martin aus dem 16. Jahrhundert. Zu den weiteren Sehenswürdigkeiten zählen sechs Calvaires und das Schloss aus dem 17. und 18. Jahrhundert.

Bevölkerung

Bevölkerungsentwicklung	
Jahr	**Einwohner**
1962	159
1968	137
1975	127
1982	100
1990	79
1999	78
2006	69

Mit 69 Einwohnern (2006) gehört Argillières zu den kleinsten Gemeinden des Département Haute-Saône. Während des gesamten 20. Jahrhunderts nahm die Einwohnerzahl kontinuierlich ab (1881 wurden noch 285 Personen gezählt).

Wirtschaft und Infrastruktur

Argillières ist noch heute ein vorwiegend durch die Landwirtschaft (Ackerbau, Obstbau und Viehzucht) und die Forstwirtschaft geprägtes Dorf. Außerhalb des primären Sektors gibt es nur wenige Arbeitsplätze im Ort. Einige Erwerbstätige sind auch Wegpendler, die in den größeren Ortschaften der Umgebung ihrer Arbeit nachgehen.

Die Ortschaft liegt abseits der größeren Durchgangsachsen an einer Departementsstraße, die von Champlitte nach Farincourt führt. Weitere Straßenverbindungen bestehen mit Fouvent, Larret und Frettes.

Weblinks

- Informationen über die Gemeinde Argillières [3] (französisch)

References

[1] http://toolserver.org/~geohack/geohack.php?pagename=Argilli%C3%A8res&language=de¶ms=47.6663888889_N_5. 63611111111_E_dim:20000_region:FR-70_type:city(71)&title=Argilli%C3%A8res

[2] http://recensement.insee.fr/searchResults.action?codeZone=70027-COM

[3] http://pagesperso-orange.fr/communautedecommunesdes4rivieres/argilpresentation.html

Haute-Saône

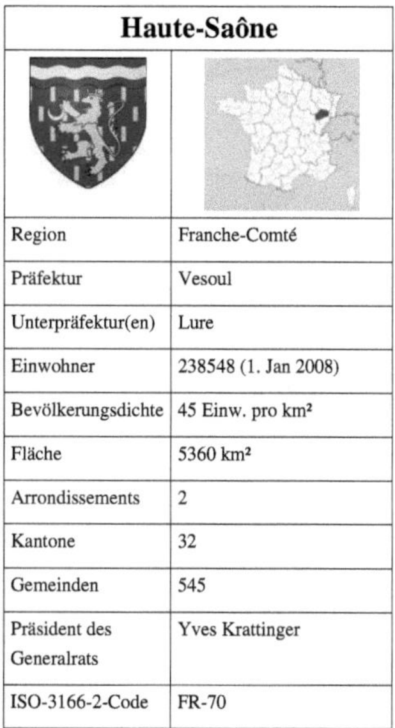

Haute-Saône	
Region	Franche-Comté
Präfektur	Vesoul
Unterpräfektur(en)	Lure
Einwohner	238548 (1. Jan 2008)
Bevölkerungsdichte	45 Einw. pro km²
Fläche	5360 km²
Arrondissements	2
Kantone	32
Gemeinden	545
Präsident des Generalrats	Yves Krattinger
ISO-3166-2-Code	FR-70

Das französische Département **Haute-Saône** [ot'soːn] (amtlich *Département de la Haute-Saône*) wird in der alphabetischen Reihenfolge der Departements als Nr. 70 bezeichnet. Es liegt im Osten Frankreichs in der Region Franche-Comté. Sein Name leitet sich vom Fluss Saône ab.

Geographie

Das Département de la Haute-Saône umfasst den Norden der ehemaligen Freigrafschaft Burgund. Es grenzt im Norden an das Département Vosges in Lothringen, im Osten an das Territoire de Belfort, den 1871 französisch gebliebenen Teil des Elsass, im Süden an die Départements Jura und Doubs, ebenfalls aus der Freigrafschaft erwachsen, im Südwesten an das Département Côte-d'Or, Teil des ehemaligen Herzogtums Burgund, im Nordwesten an das Département Haute-Marne, Teil der Champagne.

Den nördlichen Teil nehmen die südlichen Ausläufer der Vogesen ein. Dort entspringt die Saône, die dem Département den Namen gibt und es in südwestlicher Richtung durchfließt.

Wappen

Beschreibung: In Blau ist oben ein goldener Löwe mit Krone und roter Zunge und Krallen zwischen gesäten goldenen Schindeln; oben einem rotes Wellenschildhaupt mit silberner Wellenbalken.

Wirtschaft

Das Département ist landwirtschaftlich geprägt, fast die Hälfte seiner Fläche wird als Acker- und Weideland genutzt, ein weiteres Drittel ist von Wald bedeckt. Bekannte Milcherzeugnisse der Region sind der Comté-Käse und der Morbier-Käse mit dem berühmten Asche-Streifen.

Städte

- Gray
- Héricourt
- Lure
- Vesoul

Verwaltungsgliederung

Arrondissement	Einwohner (1999)	Fläche (km²)	Bev.Dichte	Kantone	Gemeinden
Lure	106.461	1848	58	13	194
Vesoul	123.271	3512	35	19	351

- Liste der Gemeinden im Département Haute-Saône
- Liste der Kantone im Département Haute-Saône

Franche-Comté

Franche-Comté

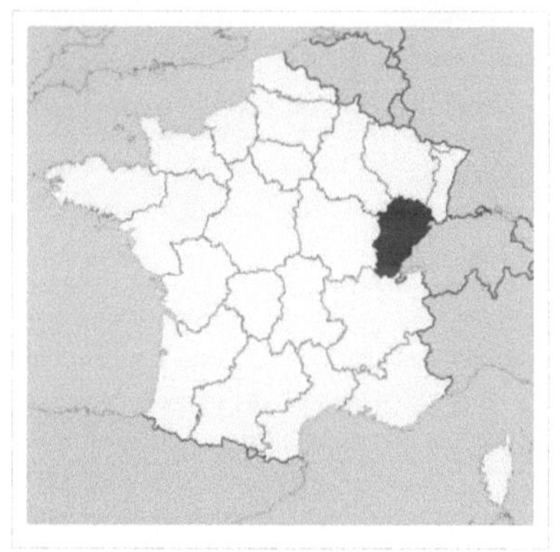

Basisdaten	
Verwaltungssitz	Besançon
Präsident des Regionalrats	Marie-Marguerite Dufay PS
Bevölkerung – gesamt 2007 – Dichte	1158671 Einwohner 71.5 Einwohner / km²
Fläche – gesamt – Anteil an Frankreich:	16202 km² 2,5 %
Départements	4
Arrondissements	9
Kantone	116
Gemeinden	1.785
ISO 3166-2-Code	FR-I

Die **Franche-Comté** [fʀɑ̃ʃkõˈte] (deutsch: *Freie Grafschaft*, gemeint ist die historische *Freigrafschaft Burgund*) ist eine der 26 Regionen Frankreichs. Sie umfasst die Départements Doubs (25), Jura (39), Haute-Saône (70) und Territoire de Belfort (90). 1999 hatte sie etwa 1,1 Mio Einwohner.

Geographie

Die Region hat im Osten circa 230 Kilometer Landesgrenze mit der Schweiz gemeinsam. Diese natürliche Grenze wird vom Juramassiv gebildet. Die Franche-Comté liegt zwischen dem Elsass, Lothringen und der Region Champagne-Ardenne, wird im Westen von der Bourgogne und im Süden von der Region Rhône-Alpes begrenzt.

Der *Crêt Pela* im französischen Jura ist mit 1495 m die höchste Erhebung der Region Franche-Comté.

Der Norden, welcher Teile der Vogesen einschließt und der Osten mit dem französischen Jura sind gebirgig; die höchste Erhebung bildet der Crêt Pela (1495 Meter) im Département Jura. Das Gebiet ist reich an Wasser; die wichtigsten Flüsse sind die Saône, der Doubs und der Ain. Zudem gibt es vor allem im Département Jura zahlreiche mittelgroße und kleine Seen, die auch touristisch genutzt werden. Der Waldanteil ist mit 43 % der höchste aller 26 Regionen von Frankreich; man findet vorwiegend Buchen, Eichen und Tannen. Die Böden eignen sich nicht besonders für intensive Landwirtschaft.

Mit gut 70 Einwohnern pro Quadratkilometer ist die Bevölkerungsdichte eher klein; zwischen 1870 und 1955 war die Einwohnerzahl sogar rückläufig. Die Mehrheit der Menschen leben in ländlicher Umgebung und man findet insbesondere im Département Haute-Saône auffallend viele Kleinstdörfer ohne jegliche Infrastruktur wie Post, Bistro oder Bushaltestelle. Die größten Städte in der Region sind (die Angaben beziehen sich auf das Jahr 1999): Besançon (Doubs) 117.080 Einwohner, Belfort 50.863, Montbéliard (Doubs) 26.535, Dole (Jura) 24.606 und Pontarlier (Doubs) 18.778.

Wappen

Beschreibung: In Blau mit goldenen Schindeln besät ein goldener rot gezungter und bewehrter Löwe mit goldener Krone.

Geschichte

In der frühgeschichtlichen Periode wurde die Franche-Comté von dem Volksstamm der Sequaner besiedelt. Ihre Hauptstadt Vesontio befand sich an der Stelle des heutigen Besançon.

Zur Zeit der Völkerwanderung von Burgunden besiedelt, gehörte sie seit 534 zum Fränkischen Reich. Später gehörte das Gebiet zum Königreich Burgund, mit dem es 1033 nach dem Tode (1032) des kinderlosen burgundischen Königs Rudolf III. an das Heilige Römische Reich fiel.

Zur Zeit des Königreichs Burgund, in der ersten Hälfte des 10. Jahrhundert, begannen die Brüder Letald (Liétaud) II., Graf von Mâcon, und Humbert damit, ihre Macht in die Region hinein auszubauen. Letald bemächtigte sich der Grafschaften Amerous (Amous), Portois, Varasque (Varais) und Scodinque (Escouens), Humbert wurde der erste bekannte Herr von Salins und ihrer Reichtum versprechenden Saline. Humberts Nachfahren regierten Salins bis zum Ende des 12. Jahrhunderts, Letalds Besitz fiel an seinen Enkel Otto Wilhelm († 1026) aus dem Haus Burgund-Ivrea, der dann als erster Graf von Burgund auftrat. Seine Nachkommen erkannten die Oberhoheit des Kaiserreichs an. Über Beatrix von Burgund, eine Nachfahrin Otto Wilhelms kam das Land dann an Friedrich Barbarossa.

Barbarossa trennte das Gebiet 1169 vom übrigen Burgund ab und erhob es zur *Pfalzgrafschaft*. Die Bezeichnung *Freigrafschaft* (auf französisch *la Franche-Comté*) ist erst seit dem 14. Jahrhundert bezeugt. 1361 fiel das Land an die Grafen von Flandern und kam 1384 mit diesem zum Länderkomplex des Hauses Burgund. Nach dem Tod Karls des Kühnen in den Burgunderkriegen mit der Eidgenossenschaft verzichteten die Eidgenossen für 150.000 Gulden auf ihre Ansprüche auf die Freigrafschaft. 1493 wurde sie im Vertrag von Senlis Philipp dem Schönen zugesprochen und kam damit zum habsburgischen Länderkomplex, 1556 dann an die spanische Linie der Habsburger (wobei dann aber das westlich liegende eigentliche Herzogtum Burgund um Dijon an Frankreich kam). Zwischen Habsburg und den Eidgenossen wurde 1512 die Neutralisierung der Freigrafschaft vertraglich festgelegt, wobei die Eidgenossen deren militärischen Schutz übernahmen. Für die Eidgenossen war das Gebiet wirtschaftlich enorm wichtig, da die meisten Salz- und Metallimporte von dort (insbesondere von Salins-les-Bains) kamen und Salz auch für die Käseproduktion essentiell ist. Wegen der inneren Zerstrittenheit und ihrer Abhängigkeit von Frankreich konnte die Eidgenossenschaft ihren Verpflichtungen gegenüber der Freigrafschaft jedoch nicht nachkommen, als diese während des Französisch-schwedischen Krieges geplündert wurde oder als Ludwig XIV. sie im Devolutionskrieg 1668 und im Holländischen Krieg 1674 militärisch besetzte.

Im Frieden von Nimwegen musste Spanien 1678 die Freigrafschaft an Frankreich abtreten. Bis dahin hatte sie zum Burgundischen Reichskreis des Heiligen Römischen Reiches gehört. Ludwig XIV. beauftragte Vauban mit der Befestigung der ehemaligen Reichsstadt Besançon und machte sie zur neuen Hauptstadt der französischen Provinz Franche-Comté. Zuvor war Dole Hauptstadt gewesen.

Bis 1790 war die Franche-Comté eine der historischen Provinzen Frankreichs. Sie war jedoch nicht Teil des französischen Zollgebiets. Als Verwaltungseinheit wurde das Gebiet 1790 abgeschafft und in die Departemente Jura, Doubs und Haute-Saône aufgeteilt. Als geographischer Name überlebte der Begriff jedoch.

Das Territorium von Belfort gehörte bis 1870 zum Elsass.

Mit der Einrichtung der Regionen 1960 entstand die Region Franche-Comté in den derzeitigen Grenzen. 1972 erhielt die Region den Status eines *Établissements public* unter Leitung eines Regionalpräfekten. Durch die Dezentralisierungsgesetze von 1982 erhielten die Regionen den Status von *Collectivités territoriales* (Gebietskörperschaften), wie ihn bis dahin nur die Gemeinden und die Départements besessen hatten. Im Jahre 1986 wurden die Regionalräte erstmals direkt gewählt. Seitdem wurden die Befugnisse der Region gegenüber der Zentralregierung in Paris schrittweise erweitert.

Politische Gliederung

Die Region Franche-Comté untergliedert sich in vier Départements.

Gliederung der Region Franche-Comté

Département	Präfektur	ISO 3166-2	Arrondissements	Kantone	Gemeinden	Einwohner (Jahr)	Fläche (km²)	Dichte (Einw./km²)
Doubs	Besançon	FR-25	3	35	594	522685 (2008)	5234	99.9
Jura	Lons-le-Saunier	FR-39	3	34	544	260740 (2008)	4999	52.2
Haute-Saône	Vesoul	FR-70	2	32	545	238548 (2008)	5360	44.5
Territoire de Belfort	Belfort	FR-90	1	15	102	141958 (2008)	609	233.1

Wirtschaft

Im Jahr 2006 lag das regionale Bruttoinlandsprodukt je Einwohner, ausgedrückt in Kaufkraftstandards, bei 91,9 % des Durchschnitts der EU-27.[1] In der Region ist die Automobilindustrie sehr stark vertreten. So gibt es in Sochaux ein großes Peugeot-Werk, was auch Zulieferindustrie mit sich bringt. Außerdem werden hier wichtige Teile des TGV hergestellt.

Bekannte landwirtschaftliche Erzeugnisse sind der Käse Comté und als regionale Spezialität der Vin jaune.

Galerie

Département Doubs

Das Tal des Doubs (im Vordergrund die Festung *Fort de Joux* in La Cluse-et-Mijoux)

Die *Große Brücke* von Ornans

Typische Landschaft in der Region Haut-Doubs

Rue de Sainte-Ursanne in Saint-Hippolyte

Département Jura

Landschaft von Baume-les-Messieurs

Der Lac de Chambly

Cascades du Hérisson im Herbst

Typische alte Häuser in der Gemeinde Château-Chalon

Département Haute-Saône

Landschaft in der Nähe von Gray

Brücke über den Fluss *Ognon* bei Lure

Die Lisaine bei Héricourt

Wäschehaus in Beaujeu-Saint-Vallier-Pierrejux-et-Quitteur

Besançon

Luftaufnahme von Besançon und der Doubs

Besançon mit der Zitadelle im Hintergrund

Siehe auch

- Liste der Herrscher von Burgund
- Liste der Präsidenten des Regionalrates der Franche-Comté seit 1986
- Comté, der Käse der Region
- Comtoise-Uhr

Weblinks

- Freigrafschaft Burgund [2] im Historischen Lexikon der Schweiz
- Artikel *Freigrafschaft Burgund* [3] im Lexikon des Mittelalters (online bei mittelalter-genealogie)

Die Kapelle Notre Dame du Haut von Ronchamp bei Belfort

Quellen

[1] *Eurostat Jahrbuch der Regionen 2009* (http://epp.eurostat.ec.europa.eu/portal/page/portal/publications/regional_yearbook): *Kapitel 4: Bruttoinlandsprodukt* (PDF (http://epp.eurostat.ec.europa.eu/cache/ITY_OFFPUB/KS-HA-09-001-04/DE/KS-HA-09-001-04-DE. PDF); 5,4 MB) und (XLS (http://epp.eurostat.ec.europa.eu/cache/ITY_PUBLIC/RY_CH04_2009/EN/RY_CH04_2009-EN.XLS); 134 KB); ISSN 1830-9690 (http://dispatch.opac.d-nb.de/DB=1.1/CMD?ACT=SRCHA&IKT=8&TRM=1830-9690) (Registrierung bei Eurostat ist erforderlich).

[2] http://www.hls-dhs-dss.ch/textes/d/D6624.php

[3] http://www.mittelalter-genealogie.de/kapetinger_burgund_herzoege_von/burgund_freigrafschaft.html

xmf:ფრანშ-კონტე

Champlitte

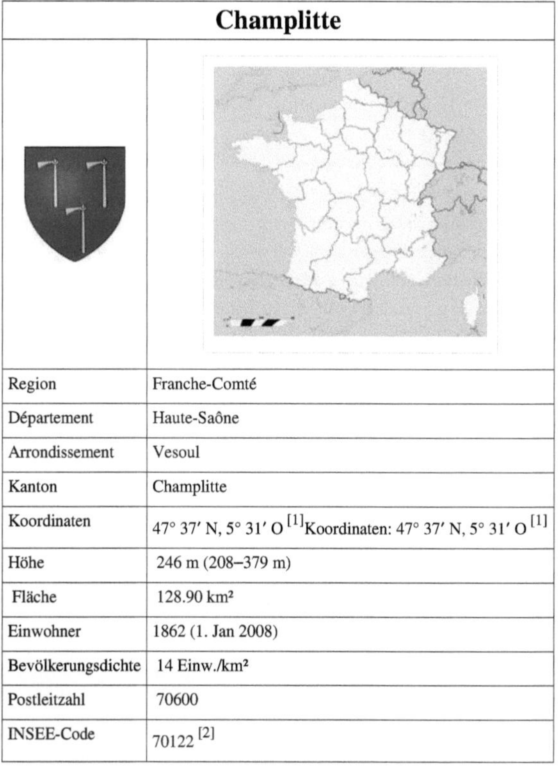

Champlitte	
Region	Franche-Comté
Département	Haute-Saône
Arrondissement	Vesoul
Kanton	Champlitte
Koordinaten	47° 37′ N, 5° 31′ O [1]Koordinaten: 47° 37′ N, 5° 31′ O [1]
Höhe	246 m (208–379 m)
Fläche	128.90 km²
Einwohner	1862 (1. Jan 2008)
Bevölkerungsdichte	14 Einw./km²
Postleitzahl	70600
INSEE-Code	70122 [2]

Champlitte ist eine Gemeinde im französischen Département Haute-Saône in der Region Franche-Comté. Es ist Hauptort des Kantons Champlitte im Arrondissement Vesoul.

Geographie

Champlitte liegt auf einer Höhe von 240 m über dem Meeresspiegel, 20 km nordnordwestlich von Gray und etwa 46 km nordöstlich der Stadt Dijon (Luftlinie). Das Städtchen erstreckt sich im äußersten Westen des Départements, in der Plateaulandschaft nordwestlich des Saônetals, auf einem Vorsprung westlich des Salon.

Die Fläche des 128.90 km² großen Gemeindegebiets (und damit größte Gemeindefläche des Departement Haute-Saône) umfasst einen Abschnitt im Bereich des Plateaus nordwestlich des Saônetals. Von Nordwesten nach Südosten wird das Gebiet von der Talniederung des Salon durchquert, der zahlreiche Mäander zeichnet und für die Entwässerung zur Saône sorgt. Die Talaue liegt durchschnittlich auf 220 m und weist eine Breite von maximal einem Kilometer auf. Flankiert wird das Tal auf beiden Seiten von meist relativ steilen Hängen (20 bis 60 m hoch), die zum angrenzenden Plateau überleiten. Dieses erreicht eine durchschnittliche Höhe von 280 m. Die Hochfläche besteht aus einer Wechsellagerung von kalkigen und sandig-mergeligen Sedimenten der mittleren Jurazeit. Das Plateau wird durch zahlreiche Mulden untergliedert, die sich zum Tal des Salon öffnen. Allerdings gibt es neben dem Salon auf dem gesamten Gebiet keine oberirdischen Fließgewässer, weil das Niederschlagswasser im verkarsteten Untergrund versickert.

In der Talniederung und auf dem Plateau herrscht landwirtschaftliche Nutzung vor, doch gibt es auch größere Waldflächen, insbesondere entlang der Gemeindegrenzen. Im Osten erstreckt sich das Gemeindeareal bis zum ausgedehnten Waldgebiet des *Bois de Groslières*, im Süden in die *Forêt de Champlitte* und im Westen in die *Forêt des Louches* (bis 360 m). Im Bereich der nördlichen Grenze befinden sich die plateauartigen Anhöhen des *Bois Lessus* (371 m), der *Coupe du Fayl*, auf der mit 379 m wird die höchste Erhebung von Champlitte erreicht wird, und der *Côte de Vau* (377 m).

Die Gemeinde besteht aus folgenden Ortsteilen:

- *Champlitte* (240 m) auf dem Plateau westlich des Salon
- *Champlitte-la-Ville* (225 m) am nördlichen Talrand des Salon
- *Margilley* (260 m) auf dem Plateau östlich des Salon
- *Neuvelle-lès-Champlitte* (225 m) leicht erhöht südlich des Salon
- *Le Prélot* (263 m) auf dem Plateau nördlich der Forêt de Champlitte
- *Piémont* (305 m) in einer Mulde am Ostrand der Forêt des Louches
- *Montarlot-lès-Champlitte* (228 m) im Tal des Salon
- *Leffond* (235 m) im Tal des Salon
- *Les Louches* (313 m) auf der Höhe der Forêt des Louches
- *Le Vergy* (351 m) auf der Höhe westlich der Forêt des Louches
- *Montvaudon* (362 m) auf der Höhe zwischen den Tälern von Salon und Vingeanne
- *Frettes* (285 m) in einer Senke zwischen Bois Lessus und La Côte de Vau
- *La Voisine* (281 m) in einer Senke südlich des Bois Lessus

Nachbargemeinden von Champlitte sind Coublanc, Grenant, Saulles, Belmont und Tornay im Norden, Argillières, Pierrecourt und Courtesoult-et-Gatey im Osten, Framont, Écuelle, Vars und Montigny-Mornay-Villeneuve-sur-Vingeanne im Süden sowie Orain, Percey-le-Grand, Cusey und Choilley-Dardenay im Westen.

Geschichte

Das Gemeindegebiet von Champlitte war schon sehr früh besiedelt. Hier wurden Überreste von römischen Mosaiken sowie Münzen und 1967 ein Münzschatz aus dem 3. Jahrhundert gefunden. Während der Zeit der Merowinger befand sich hier vermutlich eine Münzprägestätte, von der weitere Münzfunde zeugen.

Urkundlich erwähnt wird Champlitte vermutlich bereits in der Chronik von Bèze, in der 645 von der Flur *in fine Campolimicensi* die Rede ist. Im Lauf der Zeit wandelte sich die Schreibweise über *Camplimptum*, *Canllinto*, *Calento*, *Canlenti*, *Chanlintum*, *Chanlinte*, *Chalintho*, *Chanlite*, *Chanito* und *Champlito* zur heutigen Schreibweise. Der Ortsname ist aus dem Zusammenzug zweier Wörter gebildet, von denen der Ursprung von *Chan-* nicht geklärt ist, während *linte* (später *litte*) vom lateinischen *limes* (Genitiv: *limitis*) in der Bedeutung von *Grenze* abstammt.

Im Mittelalter gehörte Champlitte zur Freigrafschaft Burgund und darin zum Gebiet des Baillage d'Amont. Während der ganzen Zeit bildete Champlitte den Mittelpunkt einer bedeutenden Herrschaft. Als erster Herr von Champlitte ist Girard de Fouvent im Jahr 990 belegt. Dessen Tochter vermählte sich mit einem Herrn von Vergy, der seine Burg auf dem Plateau westlich des Salon errichten ließ. Diese Burg, um die sich rasch die Siedlung *Champlitte-le-Château* entwickelte, befand sich rund ein Kilometer westlich des ursprünglichen Kirchortes *Champlitte-la-Ville*.

Nach verschiedenen Besitzerwechseln und Aufsplitterungen der Herrschaft durch Erbteilungen gelangte Champlitte 1289 an Jean de Vergy, der das ehemalige Herrschaftsgebiet zusammenkaufte und wieder vereinigte. Champlitte hatte sich in der Zwischenzeit als Burgflecken etabliert, der im Jahr 1475 von den Soldaten unter Pierre de Craon geplündert und niedergebrannt wurde. Auf Veranlassung von Karl V. wurde das Städtchen wieder aufgebaut und mit einem Graben- und Mauersystem mit mehreren Türmen umgeben. Noch im 15. Jahrhundert gründeten die

Hospitaliter in Champlitte ein Hospital, das zu einer unbekannten Zeit jedoch wieder aufgelöst wurde. Im Jahr 1574 wurde die Herrschaft Champlitte zur Grafschaft erhoben.

Erneut in Mitleidenschaft gezogen wurde das Städtchen 1595 während der Belagerung durch Henri IV. Während des Dreißigjährigen Krieges wurde Champlitte 1636 und 1637 mehrfach von Herzog Bernhard von Sachsen-Weimar belagert und 1638 vom Herzog von Angoulême geplündert und gebrandschatzt. Zusammen mit der Franche-Comté gelangte Champlitte mit dem Frieden von Nimwegen 1678 definitiv an Frankreich. Champlitte war Standort eines Augustinerkonvents, eine Kapuzinerklosters und im 18. Jahrhundert eines königlichen Spitals.

Seit 1800 kam es zu mehreren Gebietsveränderungen. Im Jahr 1805 fusionierten Champlitte (das ehemalige Champlitte-le-Château) und Le Prélot (1800: 258 Einwohner) zur Gemeinde Champlitte-et-le-Prélot. Eine große Fusion wurde 1972 vorgenommen, als Champlitte-et-le-Prélot (1968: 1383 Einwohner), Champlitte-la-Ville (1968: 75 Einwohner), Leffond (1968: 218 Einwohner), Margilley (1968: 152 Einwohner), Montarlot-lès-Champlitte (1968: 130 Einwohner) und Neuvelle-lès-Champlitte (1968: 137 Einwohner) zur Gemeinde Champlitte zusammengelegt wurden. Dazu stieß 1974 noch die Gemeinde Frettes (1968: 209 Einwohner), die hierfür vom Département Haute-Marne in das Département Haute-Saône wechselte. Heute ist Champlitte Mitglied des 42 Ortschaften umfassenden Gemeindeverbandes Communauté de communes des Quatre Rivières.

Sehenswürdigkeiten

Die Kirche Saint-Christophe in Champlitte-la-Ville stammt ursprünglich aus dem 11. Jahrhundert, wurde später mehrfach umgestaltet und ist heute als Monument historique klassiert. Das Schiff zeigt romanische Stilformen, während die Fassade (14. Jahrhundert), das Portal und der Chorraum (14./16. Jahrhundert) im gotischen Stil gehalten sind. Zur wertvollen Innenausstattung gehören ein Taufbecken aus dem 12. Jahrhundert, der Hauptaltar aus dem 17. Jahrhundert, Gemälde und Statuen aus dem 17. und 18. Jahrhundert sowie verschiedene Grabplatten.

Champlitte hat sein Ortsbild im Stil eines mittelalterlichen Städtchens bewahrt und ist mit dem Label „Petite Cité Comtoise de Caractère" ausgezeichnet. Im alten Ortskern sind zahlreiche Bürger- und Weinbauernhäuser aus dem 16. bis 18. Jahrhundert erhalten. Ebenfalls unter dem Namen Saint-Christophe läuft die Kirche von Champlitte, ursprünglich die Schlosskapelle, im 19. Jahrhundert weitgehend neu erbaut, mit Statuen aus dem 15. bis 18. Jahrhundert. Aus dem 15.

Kirche von Champlitte

Jahrhundert erhalten ist der mächtige Glockenturm. Die Gebäude des Augustinerkonvents wurden im 17. Jahrhundert errichtet. Im Schloss von Champlitte, dessen Gebäude im 16. und 18. Jahrhundert (Renaissancefassade) erbaut wurden, ist heute das Departementsmuseum für Geschichte und Ethnographie untergebracht. Weitere wichtige profane Bauwerke in Champlitte sind das Château Grillot, die Häuser am Marktplatz und das Maison Espagnole (im Renaissancestil). Von der ehemaligen Befestigung sind Überreste und Türme erhalten. Champlitte ist Standort weiterer Museen: Musée des Arts et Techniques 1900 und Musée de la Vigne et des Pressoirs mit Weinpressen aus dem 17. und 18. Jahrhundert bei der Orangerie des Schlosses.

Zahlreiche Calvaires befinden sich in Champlitte und in den umliegenden Ortschaften. In Champlitte-la-Ville sind neben der Kirche auch die Prioratsgebäude (16. und 17. Jahrhundert) und die Ruinen des Château-Tavannes zu erwähnen. Die Dorfkirche von Leffond wurde im 18. Jahrhundert erbaut. Neuvelle-lès-Champlitte besitzt ebenfalls ehemalige Prioratsgebäude (17. und 18. Jahrhundert) und das Monument Petitjean auf dem Friedhof. Ehemalige Herrschaftssitze finden sich in Leffond und Montarlot.

Bevölkerung

Bevölkerungsentwicklung							
Jahr	**1962**	**1968**	**1975**	**1982**	**1990**	**1999**	**2006**
Einwohner	2448	2304	2113	1901	1906	1828	1864

Mit 1868 Einwohnern (2007) gehört Champlitte zu den großen Gemeinden des Département Haute-Saône. Nachdem die Einwohnerzahl in der ersten Hälfte des 20. Jahrhunderts deutlich abgenommen hatte (1881 wurden auf dem heutigen Gemeindegebiet noch 4781 Personen gezählt) wurden seit Beginn der 1990er Jahre nur noch relativ geringe Schwankungen verzeichnet.

Wirtschaft und Infrastruktur

Champlitte war lange Zeit ein Städtchen, das durch Handel und Gewerbe sowie die Verarbeitung der landwirtschaftlichen Produkte des Umlandes geprägt war. Heute ist Champlitte ein Kleinzentrum, das zentralörtliche Funktionen für die nähere Region übernimmt. Es gibt zahlreiche Betriebe des Klein- und Mittelgewerbes, vor allem in den Bereichen Oberflächenbehandlung, Metallverarbeitung, Fein- und Präzisionsmechanik, Nahrungsmittelindustrie und Bauwesen. Daneben gibt es zahlreiche Geschäfte und Dienstleistungsunternehmen für den täglichen Bedarf. Die Ortschaft ist Standort eines Collège.

Champlitte ist verkehrstechnisch gut erschlossen. Es liegt an der Hauptstraße D67, die von Gray nach Longeau-Percey führt. Weitere Straßenverbindungen bestehen mit Saint-Seine-sur-Vingeanne, Fayl-Billot, Framont und Coublanc.

Weblinks

* Informationen über die Gemeinde Champlitte [3] (französisch)

References

[1] http://toolserver.org/~geohack/geohack.php?pagename=Champlitte&language=de¶ms=47.6163888889_N_5.
   51416666667_E_dim:20000_region:FR-70_type:city(1862)&title=Champlitte

[2] http://recensement.insee.fr/searchResults.action?codeZone=70122-COM

[3] http://pagesperso-orange.fr/communautedecommunesdes4rivieres/champlittepresentation.html

Besançon

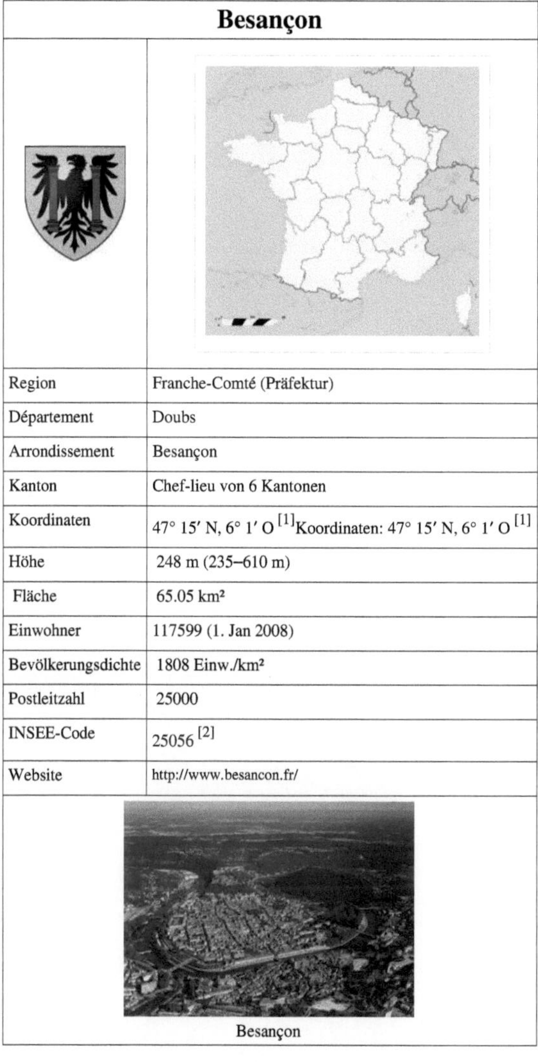

Besançon	
Region	Franche-Comté (Präfektur)
Département	Doubs
Arrondissement	Besançon
Kanton	Chef-lieu von 6 Kantonen
Koordinaten	47° 15′ N, 6° 1′ O [1] Koordinaten: 47° 15′ N, 6° 1′ O [1]
Höhe	248 m (235–610 m)
Fläche	65.05 km²
Einwohner	117599 (1. Jan 2008)
Bevölkerungsdichte	1808 Einw./km²
Postleitzahl	25000
INSEE-Code	25056 [2]
Website	http://www.besancon.fr/

Besançon

Besançon [bəzɑ̃'sõ] (deutsch veraltet *Bisanz*, lat. *Vesontio*) ist eine Stadt mit Einwohnern (Stand 1. Januar 2008) in Frankreich. Sie ist Verwaltungssitz des Départements Doubs, Hauptort der Region Franche-Comté und Sitz des Erzbistums Besançon.

Geographie

Geographische Lage

Die Stadt liegt an einer Schleife des Flusses Doubs im Osten Frankreichs, nördlich des Jura. Paris ist etwa 325 km entfernt, 100 km westlich liegt Dijon, 125 km südöstlich Lausanne in der Schweiz und 100 km nordöstlich die Stadt Belfort. Straßburg im Norden und Lyon im Süden sind jeweils etwa 190 km entfernt.

Stadtgliederung

Besançon hat 14 Stadtteile, deren Größe von 2000 (Velotte) bis 20.700 Einwohnern (Planoise) reicht:

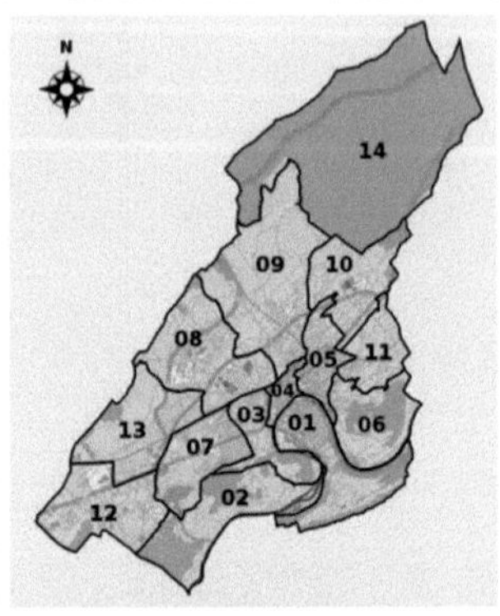

Die 14 Stadtteile
01 : Centre, Chapelle des buis
02 : Velotte
03 : Butte Grette
04 : Battant
05 : Chaprais Cras
06 : Bregille
07 : Saint-Ferjeux Rosemont
08 : Montrapon Montboucons
09 : Saint-Claude Torcols
10 : Palente Orchamps Saragosse
11 : Vaîte Clairs-Soleils
12 : Planoise Châteaufarine
13 : Tilleroyes
14 : Forêt de Chailluz

- Zentrum (Centre) / (Saint-Jean) - Chapelle des Buis
- Battant
- Bregille
- Vaites - Clairs-Soleils
- Velotte
- Butte - Grette
- Chaprais - Cras
- Orchamps - Combe Saragosse
- Tilleroyes
- Montrapon - Montboucons
- Planoise - Châteaufarine
- Saint-Claude - Torcols
- Saint-Ferjeux - Rosemont
- Chailluz

Nachbargemeinden

Folgende Gemeinden grenzen an die Gemeinde Besançon; sie werden im Uhrzeigersinn, beginnend im Norden, genannt: Châtillon-le-Duc, Bonnay, Vieilley, Mérey-Vieilley, Braillans, Thise, Chalezeule, Montfaucon (Doubs), Morre, Fontain, Beure, Avanne-Aveney, Franois, Serre-les-Sapins, Pirey, École-Valentin.

Ballungsgebiet

Zur siedlungsgeografischen Unité urbaine von Besançon, in der insgesamt 134.376 Einwohner auf 122 km² leben, zählen die Gemeinden Besançon, Avanne-Aveney, Beure, Chalezeule, Chalèze, Châtillon-le-Duc, Devecey, École-Valentin, Miserey-Salines, Pirey und Thise [3].

In wirtschaftsgeografischer Hinsicht der Aire urbaine lebten 1999 222.381 Menschen in 234 Gemeinden in einem über 1652 km² ausgedehnten Ballungsgebiet.

Klima

Die Stadt wird sowohl von maritimem als auch vom Kontinentalklima beeinflusst. Die jährliche Durchschnittstemperatur beträgt 10,2 °C, wobei es im Juli mit einem Durchschnitt von 18,9 °C am wärmsten und im Januar mit 1,6 °C am kältesten ist. Die höchste je gemessene Temperatur wurde am 31. Juli 1983 mit 38,8 °C registriert, die absolut tiefste am 1. Januar 1985 mit -20,7 °C. Jährlich fallen 1108 mm Niederschläge. Die Stadt liegt damit weit über dem französischen Durchschnitt (770 mm). Die meisten Niederschläge fallen im Mai, die wenigsten im Juli.

Geschichte

Antike

In der Bronzezeit, um 1500 v. Chr., wurden erstmals gallische Stämme innerhalb der Doubsschleife sesshaft. *Vesontio* war Hauptort der Sequaner. Aufgrund der strategisch günstigen Lage wählte im Jahre 58 v. Chr. Julius Caesar die Stadt als Stützpunkt in seinem Kampf gegen den Suebenfürst Ariovist. Der Name *Vesontio* entwickelte sich in Spätlateinisch als *Bisontio* nach dem Tier, daher die Wappen der Stadt.[4] war seit dem 2. Jahrhundert Bischofssitz. Als erster Bischof gilt Ferreolus (180–211). Besançon wurde im 4. Jahrhundert zum Erzbistum erhoben. Bischof Antidius von Besançon gilt als Märtyrer († um 411).

Vesontio, das antike Besançon

Mittelalter

843 wurde durch den Vertrag von Verdun das Kaiserreich Karls des Großen (Carolus Magnus) aufgeteilt. Besançon gehörte seitdem zum Königtum Lotharingen und stand unter der Herrschaft der Grafen von Burgund.

Besançon kam mit dem Königreich Burgund (Arelat) 1032/34 an das Heilige Römische Reich. Der Erzbischof wurde zum Herren der Stadt und Besançon somit von der Grafschaft Burgund unabhängig. Auf dem Reichstag zu Besançon (1157) drängte das Kaisertum das Papsttum zurück.

Ab 1307 war die Stadt als Freie Reichsstadt reichsunmittelbar, erst seit 1493 aber auch tatsächlich unabhängig von den Fürsten der Umgebung. Die Streitigkeiten zwischen Erzbischof und Stadt zogen sich ebenfalls bis ins 15. Jahrhundert und wurden u.a. auf dem Konzil von Basel verhandelt.

Neuzeit

1664 verlor die Stadt ihre Reichsunmittelbarkeit, als sie im Tausch gegen die Stadt Frankenthal an die Freigrafschaft Burgund kam, die damals von dem Habsburger Philipp IV. beherrscht wurde.

1668 wurde die Stadt erstmals von dem französischen König Ludwig XIV. erobert, wurde jedoch anschließend an Spanien zurückgegeben. 1674 wurden Besançon und die gesamte Franche-Comté endgültig vom Sonnenkönig erobert und 1678 im Rahmen der Friedensverträge von Nimwegen an Frankreich angegliedert.

Einnahme von Besançon im Jahr 1674

Der Erzbischof von Besançon blieb geistlicher Reichsfürst und war bis 1803 im Reichsfürstenrat des Heiligen Römischen Reichs Deutscher Nation mit einer Virilstimme vertreten.

Nachkriegszeit und Moderne

Heute ist Besançon Präfektur der Region Franche-Comté.

1973 war Besançon Schauplatz eines Experiments der Solidarischen Ökonomie: Weil die Arbeiter der Uhrenfabrik Lip um ihre Arbeitsplätze fürchten mussten, besetzten sie das Werk und übernahmen die Produktion in Eigenregie. 1975 wurde das Projekt durch die Behörden beendet[5].

Einwohnerentwicklung

Einwohnerentwicklung von Besançon seit 1800[6]

	1800	1836	1841	1861	1876	1896	1911	1921	1936
Gemeinde	28.436	29.718	36.461	46.786	54.404	57.556	57.978	55.652	65.022
Stadt									
	1946	1954	1962	1968	1975	1982	1990	1999	2005
Gemeinde	63.508	73.445	95.642	113.220	120.315	113.283	113.828	117.733	115.400
Stadt			117.620	126.349	120.772	122.623	134.376	122.308

Politik

Bürgermeister

<table>
<tr><td>

- 1848–1849: Henri Baigue (Radikal-sozial.)
- 1906–1912: Alexandre Grosjean (Radikal-sozial.)
- 1901–1906: Antoine Saillard
- 1919–1925: Charles Krug (Radikal-sozial.)
- 1925–1939: Charles Siffert (Radikal-sozial.)
- 1939–1940: Henri Bugnet (Radikal-sozial.)
- 1940–1940: Louis Theron
- 1940–1944: Henri Bugnet (Radikal-sozial.)

</td><td>

- 1944–1945: Louis Charles Maitre
- 1945–1947: Jean Minjoz (SFIO)
- 1947–1950: Henri Bugnet (Radikal-sozial.)
- 1950–1953: Henri Regnier (RPF)
- 1953–1977: Jean Minjoz (SFIO, PS)
- 1977–2001: Robert Schwint (PS)
- seit 2001: Jean-Louis Fousseret (PS)

</td></tr>
</table>

Gemeinderat

Dem Rat der Stadt Besançon gehören derzeit 55 Mitglieder an.

Die Wahl zum Gemeinderat am 9. Marz 2008 führte zu folgendem Ergebnis:

Partei/Liste	Prozent	Sitze
Jean-Louis Fousseret (PS-PCF-Les Verts)	56,8	45
Jean Rosselot (UMP)	25,8	8
Philippe Gonon (MoDem)	9,6	2
François Portal (LCR)	4,9	0
Nicole Friess (LO)	2,0	0
Adrien Leclerc (Linksradikalismus)	1,0	0

Wappen

Wappen von Besançon

Beschreibung: In Gold ein schwarzer Adler in seinen Klauen beiderseits eine rote Säule haltend.

Städtepartnerschaften

- ▬ Twer (Russland)
- ▬ Freiburg im Breisgau (Deutschland)
- ✚ Kuopio (Finnland)
- ▨ Huddersfield - Kirklees (England)
- ▬ Bielsko-Biała (Polen)
- ✛ Neuchâtel (Schweiz)
- ▮▮ Bistrița (Rumänien)
- ▮▮ Pavia (Italien)
- ▭ Chadera (Israel)
- ▬ Douroula (Burkina Faso)
- ▮▮ Man (Elfenbeinküste)
- ▬ Charlottesville - Virginia (Vereinigte Staaten)

Wirtschaft und Infrastruktur

Wappen von Freiburg und Besançon

Verkehr

Die Stadt liegt an der Autobahn A36 ("La Comtoise") Dole–Belfort. Östlich der Stadt existieren zwei kleinere Flugplätze; der nächste größere Flughafen befindet sich bei Basel.

Der Hauptbahnhof Besançon-Viotte liegt an der Eisenbahnstrecke Dole–Besançon–Belfort und ist auch Knotenpunkt der hier endenden Bahnstrecken Bourg-en-Bresse–Besançon und La Chaux-de-Fonds–Le Locle–Besançon, sowie und der teilweise stillgelegten Strecke Vesoul–Devecey–Besançon. Letztere wurde teilweise reaktiviert und dient als Zubringer zum neuen Bahnhof Besançon Franche-Comté TGV der LGV Rhin-Rhône.

Es bestehen TGV-Verbindungen nach Dijon, Züge des Regionalverkehrs führen nach Belfort, Mulhouse und La Chaux-de-Fonds.

Wirtschaft

In Besançon eröffnete Hilaire de Chardonnet anno 1889 die erste kommerzielle Kunstseide-Spinnfabrik, deren Produkte aus Kollodium gezogen und gesponnen wurden. Diese Erfindung entstand als Antwort auf die verheerende Seidenraupen-Pest auf den Maulbeeren-Plantagen der Region Lyon, seinerzeit Zentrum der französischen Seidenraupen-Zucht.[7]

Die vorrangigen Wirtschaftszweige sind heute die Mikrotechnologie und die Uhrenindustrie. Daneben bestehen Textil- und metallverarbeitende Betriebe. Die Gegend um Besançon ist für ihre Milchprodukte bekannt, insbesondere Käse (Comté und Morbier). In Besançon befindet sich ein großes Werk, in welchem wichtige Komponenten des Hochgeschwindigkeitszuges TGV hergestellt werden.

Medien

- *France 3 Bourgogne - Franche-Comté*: TV
- *L'Est Républicain*: Zeitung

Bildung und Forschung

Die Universität der Franche-Comté mit Hauptsitz in Besançon hat rund 21.000 Studenten.

Daneben gibt es in der Stadt 5 Gymnasien, 11 weitere Oberschulen und 39 Grundschulen.

Kultur und Sehenswürdigkeiten

Bauwerke

In Besançon stehen 184 als Monument historique klassifizierte Bauwerke (siehe auch Liste der Monuments historiques in Besançon). Wegen ihres historischen und kulturellen Erbes und ihrer einzigartigen Architektur wurde der Stadt im Jahr 1986 vom französischen Kulturministerium die Auszeichnung Stadt und Land der Kunst und der Geschichte verliehen.

Die Altstadt wird von einer Schlaufe des Doubs umflossen und vom Wahrzeichen Besançons, der Zitadelle (La Citadelle), überragt. Hier findet sich ein Aquarium sowie ein kleiner Zoo mit Noctarium.

Die Befestigungsanlagen gehen im Wesentlichen auf Marschall Vauban zurück. Neben Zitadelle, Stadtmauer und Fort Griffon zählen noch Stadttore und weitere kleinere Forts zu den Anlagen. Nach einer Bewerbung anlässlich des 300. Todestags Vaubans gehören Zitadelle, Stadtmauer und Fort Griffon von Besançon gemeinsam mit anderen Werken in ganz Frankreich seit 2008 zum UNESCO-Weltkulturerbe "Festungsanlagen von Vauban".

Unter den Sakralbauten sind die gotische Kathedrale St-Jean de Besançon (12./18. Jh.), die das Gemälde *Vierge aux Saints* (1512) von Fra Bartolomeo beherbergt, sowie die Kirchen St-Maurice de Besançon (1711-1714) und St-Pierre de Besançon (1782-1786) hervorzuheben. Erwähnenswert ebenfalls die Synagoge (1869-1870).

Viele Hôtel particulier aus dem 16. bis 18. Jahrhundert (siehe Hôtel d'Anvers, Hôtel de Champagney, Petit Hôtel Chassignet, Hôtel Terrier de Santans und Hôtel Boistouset) sind als schützenswerte Bauwerke klassifiziert.

Kathedrale

Zitadelle von Besançon

Die Porte Noire (dt. Schwarze Tor),
antiken Triumphbogen

Theater

* *Opéra Théâtre*
* *Grand Kursaal*
* *Nouveau Théâtre* - Centre Dramatique National
* *Théâtre Bacchus*
* *Théâtre de la Bouloie*
* *Théâtre de l'Espace*

Festivals

* *Herbe en Zik* festival (Popmusik, Rock, Reggae...) im Mai
* *Jazz en Franche-Comté* festival (Jazz und Neue Improvisationsmusik) im Juni
* *Franch' Country* festival (Country-Musik) im Juli
* *Besançon - International Music Festival* (klassische Musik) im September
* *Musiques de Rues* festival (Brass Band, Hip-Hop-Musik...) im Oktober
* *Lumières d'Afrique* festival (afrikanische Films) im November
* *Le cinéma de la musique* festival (Musik ins Kino) im Dezember

Kino

* Multiplex-Kino *Marché Beaux-Arts*
* Multiplex-Kino *Mégarama*
* Kino *Plazza Victor Hugo*
* Kursaal
* Espace Planoise

Nouveau Théâtre

Multiplex-Kino *Marché Beaux-Arts*

Museen

- Das *Musée des Beaux-Arts et d'Archéologie* (*Museum der schönen Künste und der Archäologie*)
- Im *Musée Comtois* wird Volkskunst und Kunsthandwerk aus dem Franche-Comté ausgestellt.
- *Museum für Naturkunde*: Zoo, Noktarium, Aquarium, größtes Insektarium Frankreichs...
- Das *Museum der Zeit*
- Das *Museum des Widerstands und der Deportation*

Musée des Beaux-Arts et d'Archéologie

Sport

- Besançon Racing Club (BRC): Fußball
- Besançon Basket Comté Doubs (BBCD): Basketball
- Entente Sportive Bisontine Féminine (ESBF): Handball (Frauen)
- Entente Sportive Bisontine Masculine (ESBM): Handball (Männer)

Regelmäßige Veranstaltungen

- Februar: *Open de Franche-Comté* Tennisturnier
- Mai: *Foire Comtoise* Ausstellung Messe
- September: *Les Mots Doubs* Buchmesse
- September: *Les Terroirs Gourmands* Markt für regionale Produkte
- Dezember: *Weihnachtsmarkt*

Zitate

„Als er einen Weg in drei Tagen vorgerückt war, wurde ihm gemeldet, Ariovist beeile sich mit allen seinen Truppen, um Vesentio zu besetzen, welches die größte Stadt der Sequaner ist, und sei drei Tagesmärsche von seinem Lande aus vorgerückt. Dass das geschehe, glaubte Cäsar energisch verhüten zu müssen. Denn von allen Dingen, die für den Krieg von Nutzen sind, war in dieser Stadt der nächste Vorrat, und durch ihre natürliche Lage war sie so fest, dass sie eine günstige Gelegenheit bot, den Krieg in die Länge zu ziehen, deswegen, weil der Doubs, wie mit einem Zirkel herumgezogen, fast die ganze Stadt umgibt; die übrige Strecke, wo der Fluss aussetzt - sie ist nicht länger als 1 600 Fuß (480 m) - nimmt ein Berg von großer Höhe ein, und zwar in der Weise, dass den Fuß des Berge auf beiden Seiten die Flussufer berühren. Diesen (Berg) macht eine umgeführte Mauer zu einer Burg und verbindet ihn mit der Stadt. "

– Gaius Iulius Caesar: De Bello Gallico

Persönlichkeiten

- John Acton (1736–1811), Premierminister von Neapel unter Ferdinand IV. (Neapel)
- Mina Agossi (* 1972), Jazzsängerin und Songwriterin
- Tristan Bernard (1866–1947), Journalist und Humorist
- Jean-Baptiste Besardus (um 1567–um 1625), Jurist, Lautenist und Komponist
- André Bloch (1893–1948), Mathematiker
- Hilaire de Chardonnet (1838–1924), Erfinder der künstlichen Seide
- Paul Charreire (1820–?), Organist und Komponist
- Norbert Eschmann (1933–2009), Schweizer Fußballspieler
- Charles Fourier (1772–1837), Erfinder der sozialistischen "Phalansterien"
- Claude Goudimel (1510–1572), Musiker
- Antoine Perrenot de Granvelle (1517–1586), Kardinal, Diplomat und Humanist, Berater von Karl V., Vizekönig von Neapel
- Victor Hugo (1802–1885), Schriftsteller
- Marcelle de Lacour (1896–1997), Cembalistin
- Lucien Laurent (1907–2005), Fußballspieler
- Charles Lebouc (1822–1893), Cellist
- Brüder Auguste Lumière (1862–1954) und Louis Lumière (1864–1948), Erfinder der Kinematografie (bzw. des Kinos)
- Ursula Meier (* 1971), Schweizer Filmregisseurin und Schauspielerin
- Charles Nodier (1780–1844), Schriftsteller der Romantik
- Max d'Ollone (1875–1959), Komponist
- Jean Claude Eugène Péclet (1793–1857), Physiker, dessen Name durch die Péclet-Zahl bekannt ist
- Pierre-Joseph Proudhon (1809–1865), französischer Ökonom und Soziologe, Journalist (Le Peuple)
- Louis-Jean Résal (1854–1920), Ingenieur (z.B. Pont Mirabeau und Pont Alexandre III in Paris)

Victor Hugo von Rodin, 1890,Musée des Beaux-arts

Quellen

[1] http://toolserver.org/~geohack/geohack.php?pagename=Besan%C3%A7on&language=de¶ms=47.2422222222_N_6. 02138888889_E_dim:20000_region:FR-25_type:city(117599)&title=Besan%C3%A7on
[2] http://recensement.insee.fr/searchResults.action?codeZone=25056-COM
[3] http://www.audab.org/iso_album/1_perimetre.pdf
[4] Albert Dauzat et Charles Rostaing, *Dictionnaire étymologique des noms de lieux en France*, éditions Larousse 1968.
[5] http://fr.wikipedia.org/wiki/Lip#1973_:_L.E2.80.99affaire_Lip
[6] Quelle: INSEE et Cassini
[7] WILLE, Hermann: *"Sternstunden der Technik"*, Leipzig 1987

Weblinks

- Website der Stadt Besançon (http://www.besancon.fr)
- Flug über Besançon (http://www.dailymotion.com/video/x7dfsq_loeuvre-de-vauban-a-besancon_travel)

Salon_(Fluss)

Salon	
Gewässerkennzahl	FR: U07-0400 [1]
Lage	Frankreich, Regionen Champagne-Ardenne und Franche-Comté
Flusssystem	Rhone/Rhône
Abfluss über	Saône → Rhône → Mittelmeer
Quelle	im Gemeindegebiet von Culmont 47° 50′ 15″ N, 5° 28′ 3″ O [2]
Quellhöhe	ca. 400 m [3]
Mündung	im Gemeindegebiet von Autet in die Saône Koordinaten: 47° 32′ 8″ N, 5° 41′ 1″ O [4] 47° 32′ 8″ N, 5° 41′ 1″ O [4]
Mündungshöhe	ca. 190 m [3]
Höhenunterschied	ca. 210 m
Länge	72 km [5]

Der **Salon** ist ein Fluss in Frankreich, der in den Regionen Champagne-Ardenne und Franche-Comté verläuft. Er entspringt am Plateau von Langres im Gemeindegebiet von Culmont, entwässert generell in südöstlicher Richtung und mündet nach 72 Kilometern[5] im Gemeindegebiet von Autet als rechter Nebenfluss in die Saône. Auf seinem Weg durchquert der Salon die Départements Haute-Marne und Haute-Saône.

Orte am Fluss

- Culmont
- Chalindrey
- Torcenay
- Grenant
- Coublanc
- Champlitte
- Dampierre-sur-Salon
- Autet

Anmerkungen

[1] http://sandre.eaufrance.fr/app/chainage/courdo/htm/U07-0400.php

[2] http://toolserver.org/~geohack/geohack.php?pagename=Salon_%28Fluss%29&language=de¶ms=47.8375_N_5.
4675_E_region:FR-52_type:waterbody&title=Quelle+Salon

[3] geoportail.fr (1:16.000) (http://www.geoportail.fr/de_DE/)

[4] http://toolserver.org/~geohack/geohack.php?pagename=Salon_%28Fluss%29&language=de¶ms=47.5355555556_N_5.
68361111111_E_region:FR-70_type:waterbody&title=M%C3%BCndung+Salon

[5] Die Angaben zur Flusslänge beruhen auf den Informationen über den Salon auf sandre.eaufrance.fr (http://sandre.eaufrance.fr/app/
chainage/courdo/htm/U07-0400.php) (französisch), abgerufen am 13. Januar 2010, gerundet auf volle Kilometer.

Saône

Saône
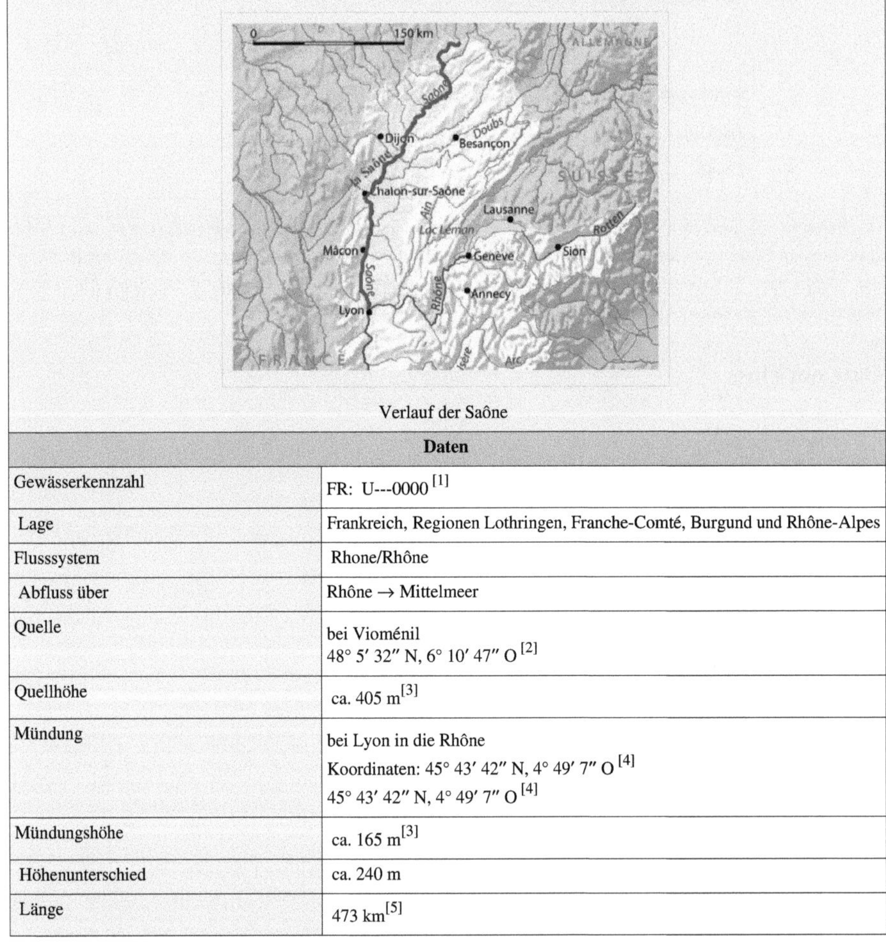   Verlauf der Saône
Daten

Gewässerkennzahl	FR: U---0000 [1]
Lage	Frankreich, Regionen Lothringen, Franche-Comté, Burgund und Rhône-Alpes
Flusssystem	Rhone/Rhône
Abfluss über	Rhône → Mittelmeer
Quelle	bei Vioménil 48° 5′ 32″ N, 6° 10′ 47″ O [2]
Quellhöhe	ca. 405 m [3]
Mündung	bei Lyon in die Rhône Koordinaten: 45° 43′ 42″ N, 4° 49′ 7″ O [4] 45° 43′ 42″ N, 4° 49′ 7″ O [4]
Mündungshöhe	ca. 165 m [3]
Höhenunterschied	ca. 240 m
Länge	473 km [5]

Einzugsgebiet	29900 km²[6]	
Abfluss am Pegel Couzon-au-Mont-d'Or[6]	MQ	480 m³/s
Großstädte	Lyon	
Mittelstädte	Chalon-sur-Saône, Mâcon, Villefranche-sur-Saône	
Kleinstädte	Tournus	
Schiffbar	von der Mündung bis Corre	

Saône in Tournus

Die **Saône** [soːn] ist ein Fluss im Osten Frankreichs, der in den Regionen Lothringen, Franche-Comté, Burgund und Rhône-Alpes verläuft. Sie entspringt in den Vogesen bei Vioménil, entwässert generell Richtung Südwest bis Süd und mündet nach 473[5] Kilometern in Lyon als rechter Nebenfluss in die Rhône. Auf ihrem Weg durchquert die Saône die Départements Vosges, Haute-Saône, Côte-d'Or, Saône-et-Loire und Rhône.

Orte am Fluss

- Gray
- Saint-Jean-de-Losne
- Chalon-sur-Saône
- Tournus
- Mâcon
- Villefranche-sur-Saône
- Caluire-et-Cuire
- Lyon

Nebenflüsse

Reihenfolge flussabwärts:

Linke Nebenflüsse: Rechte Nebenflüsse:

Linke Nebenflüsse:	Rechte Nebenflüsse:
• Côney	• Apance
• Lanterne	• Amance
• Durgeon	• Salon
• Ognon	• Vingeanne
• Doubs	• Bèze
• Seille	• Tille
• Reyssouze	• Ouche
• Veyle	• Vouge
• Chalaronne	• Dheune
	• Grosne
	• Ardière
	• Azergues

Schifffahrt

Das Tunnel von Saint-Albin

Die Brücke La Feuillée um 1900, Lyon

Die Saône ist zwischen Corre und ihrer Einmündung in die Rhône auf einer Länge von 407 km kanalisiert und daher mit Schiffen befahrbar. Die kanalisierte Strecke umfasst eine Reihe von Durchstichen und Abkürzungen und ist daher effektiv nur 365 km lang.

Der kanalisierte Teil der Saône lässt sich in zwei Abschnitte einteilen:

- Von Corre bis Auxonne

  - 19 Schleusen (38,5 x 5 m)
  - Tiefgang 1,80 m
  - Mindestdurchfahrthöhe 3,50 m

    In diesem Abschnitt gibt es zwei Tunnel, einen bei Saint-Albin (km 48, 681 m lang, 6,55 m breit), einen weiteren bei Seveux-Savoyeux (km 76, 643 m lang, 6,50 m breit), in beiden Tunnels und auf den Strecken vor den Tunneleinfahrten gibt es eine durch Signallichter geregelte Einbahnregelung.

- Von Auxonne bis Lyon (Großschifffahrtsstraße)

  - 5 Schleusen, (Dangle, Girlet, Cendrecourt, Acier, Radadôle) (185 x 12 m)
  - Tiefgang 3 m
  - Mindestdurchfahrthöhe 6 m

In die Saône münden wichtige Kanäle, die sie mit anderen Flussbecken verbinden. Die Saône bildet damit das Rückgrat des französischen Wasserstraßennetzes:

- Canal des Vosges (bei Beginn der schiffbaren Strecke)
- Canal de la Marne à la Saône (bei km 127)
- Canal du Rhône au Rhin (bei km 160)
- Canal de Bourgogne (bei km 165)
- Canal du Centre (bei km 221)

Siehe auch

- Souconna

Weblinks

- *Tunnel Saint-Albin.* [7] In: Structurae.

Anmerkungen

[1] http://sandre.eaufrance.fr/app/chainage/courdo/htm/U---0000.php

[2] http://toolserver.org/~geohack/geohack.php?pagename=Sa%C3%B4ne&language=de¶ms=48.0922222222_N_6.
17972222222_E_dim:100_region:FR-88_type:waterbody&title=Quelle+Sa%C3%B4ne

[3] geoportail.fr (1:16.000) (http://www.geoportail.fr/de_DE/)

[4] http://toolserver.org/~geohack/geohack.php?pagename=Sa%C3%B4ne&language=de¶ms=45.7283333333_N_4.
81861111111_E_dim:1000_region:FR-69_type:waterbody&title=M%C3%BCndung+Sa%C3%B4ne

[5] Die Angaben zur Flusslänge beruhen auf den Informationen über die Saône auf sandre.eaufrance.fr (http://sandre.eaufrance.fr/app/
chainage/courdo/htm/U---0000.php) (französisch), abgerufen am 6. Oktober 2010, gerundet auf volle Kilometer.

[6] Banque Hydro - Station U4710010 (http://www.hydro.eaufrance.fr/selection.php) (Menüpunkt: Synthèse)

[7] http://de.structurae.de/structures/data/index.cfm?ID=s0018397

Jura_(Geologie)

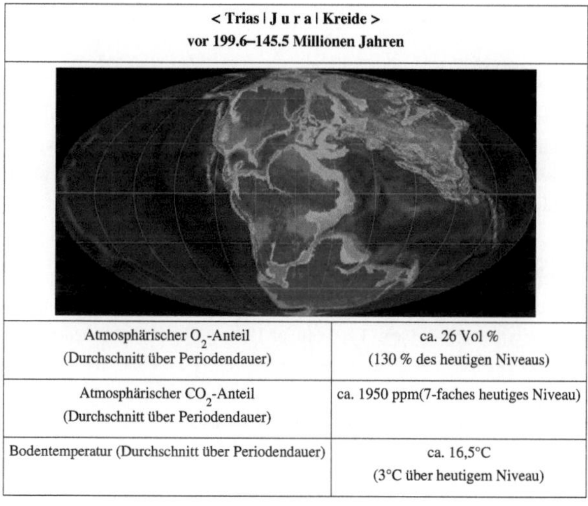

< Trias I J u r a I Kreide > vor 199.6–145.5 Millionen Jahren	
Atmosphärischer O_2-Anteil (Durchschnitt über Periodendauer)	ca. 26 Vol % (130 % des heutigen Niveaus)
Atmosphärischer CO_2-Anteil (Durchschnitt über Periodendauer)	ca. 1950 ppm(7-faches heutiges Niveau)
Bodentemperatur (Durchschnitt über Periodendauer)	ca. 16,5°C (3°C über heutigem Niveau)

System	Serie	Stufe	Alter (mya)
höher	**höher**	**höher**	**jünger**
Jura	Oberjura	Tithonium	150.8–145.5
		Kimmeridgium	155.6–150.8
		Oxfordium	161.2–155.6
	Mitteljura	Callovium	164.7–161.2
		Bathonium	167.7–164.7
		Bajocium	171.6–167.7
		Aalenium	175.6–171.6
	Unterjura	Toarcium	183–175.6
		Pliensbachium	189.6–183
		Sinemurium	196.5–189.6
		Hettangium	199.6–196.5
tiefer	**tiefer**	**tiefer**	**älter**

Der **Jura** ist in der Erdgeschichte das mittlere chronostratigraphische System (bzw. Periode in der Geochronologie) des Mesozoikums. Der Jura begann vor etwa 199.6 Millionen Jahren und endete vor etwa 145.5 Millionen Jahren und dauerte somit ca. 54,1 Millionen Jahre. Der Jura wird von der Trias unter- und von der Kreide überlagert.

Geschichte und Namensgebung

Der Name „Jura" wurde 1795 von Alexander von Humboldt für Gesteinsschichten im Juragebirge in die wissenschaftliche Literatur eingeführt und 1829 von Alexandre Brongniart auf die heutige Systembezeichnung erweitert. Das Juragebirge besteht hauptsächlich aus den Ablagerungen (Sedimenten), die während des Systems des Jura am Rande des damaligen Tethysmeeres abgelagert worden sind.

Definition und GSSP

Der Beginn des Jura ist durch das Erstauftreten der Ammoniten-Art *Psiloceras spelae* definiert. Eine endgültige Festlegung des GSSP (entspricht etwa einem Typprofil und einer Typlokalität) erfolgte 2010 am *Kuhjoch* im Karwendel in Tirol nahe der Grenze zu Bayern.[1] Die Obergrenze des Jura bzw. die Untergrenze der Kreide (und damit die der Berriasium-Stufe) ist bisher nicht abschließend definiert worden. Sie wird voraussichtlich in die Nähe des Erstauftretens der Ammoniten-Art *Berriasella jacobi* gelegt werden.

Untergliederung des Jura

Das Jura-System wird in drei Serien und insgesamt elf Stufen
unterteilt:

- System: **Jura** (199.6–145.5 mya)
  - Serie: Oberjura (161.2–145.5 mya)
    - Stufe: Tithonium (150.8–145.5 mya)
    - Stufe: Kimmeridgium (155.6–150.8 mya)
    - Stufe: Oxfordium (161.2–155.6 mya)
  - Serie: Mitteljura (175.6–161.2 mya)
    - Stufe: Callovium (164.7–161.2 mya)
    - Stufe: Bathonium (167.7–164.7 mya)
    - Stufe: Bajocium (171.6–167.7 mya)
    - Stufe: Aalenium (175.6–171.6 mya)
  - Serie: Unterjura (199.6–175.6 mya)
    - Stufe: Toarcium (183–175.6 mya)
    - Stufe: Pliensbachium (189.6–183 mya)
    - Stufe: Sinemurium (196.5–189.6 mya)
    - Stufe: Hettangium (199.6–196.5 mya)

Eine Szene aus dem Oberjura Norddeutschlands. Die Sauropoden im Bildzentrum gehören zur Art *Europasaurus holgeri*. Im Vordergrund sind zwei *Compsognathus* zu erkennen, im Hintergrund zieht eine Herde *Iguanodon* vorbei.

Die Begriffe „Schwarzer Jura", „Brauner Jura" und „Weißer Jura" bzw. die Quenstedtsche Gliederung in „Lias", „Dogger" und „Malm" sollten als Bezeichnungen für die chronostratigraphischen Serien des Jura nicht mehr verwendet werden. Sie finden jedoch Verwendung als lithostratigraphische Einheiten im Süddeutschen Jura (Schwarzer Jura, Brauner Jura und Weißer Jura) bzw. im Norddeutschen Jura (Lias, Dogger, Malm; provisorische Bezeichnungen). Die Grenzen dieser Einheiten sind rein lithostratigraphisch, d. h. nur durch Wechsel in den Gesteinsmerkmalen definiert. Sie entsprechen daher nur ungefähr den chronostratigraphischen Einheiten, da die lithostratigraphischen Grenzen nicht immer genau mit den System- und Serien-Grenzen übereinstimmen.

Wichtigste Leitfossilien im Jura sind die Ammoniten. Diese ausschließlich marin vorkommenden entfernten Verwandten der heutigen Tintenfische zählen zu den häufigsten Wirbellosen dieser Zeit. Man findet sie z. B. in Süddeutschland im Posidonienschiefer der Schwäbischen Alb sowie der Fränkischen Alb zusammen mit den zu den Tintenfischen zu stellenden Belemniten.

Paläogeographie

Während des frühen Jura zerfiel der Superkontinent Pangäa weiter, dieser Prozess hatte sich bereits in der Obertrias mit der Bildung von Grabensystemen angedeutet. Die Bruchstücke bildeten Nordamerika, Eurasien und den südlichen Großkontinent Gondwana. Der frühe Atlantik und das Tethysmeer waren noch schmal. Im späten Jura begann auch Gondwana zu zerbrechen.

Klima

Das Klima im Jura war warm, Spuren großer Inlandseisschilde wurden nicht gefunden. Wie schon in der Trias befand sich auch im Jura kein festes Land in der Nähe der geographischen Pole.

Entwicklung der Fauna

Der Jura stellt die erste Blütezeit der Dinosaurier dar. In Mitteleuropa wurden Fußspuren (Barkhausen, Münchehagen) und Skelettreste von Dinosauriern aus der Jurazeit (*Ohmdenosaurus*, *Compsognathus*) entdeckt. Der nur katzengroße *Compsognathus* von Jachenhausen bei Riedenburg galt lange Zeit als der kleinste Dinosaurier.

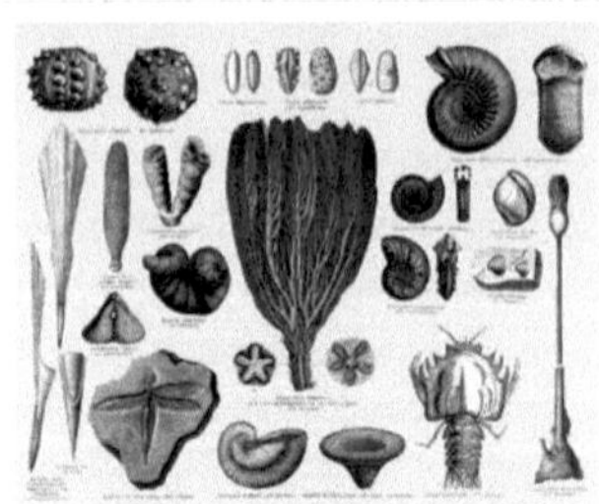

Einige Wirbellosenfossilien aus jurassischen Meeresablagerungen (Aus Meyers Konversations-Lexikon (1885-90))

Der „Urvogel" *Archaeopteryx* wurde in Gesteinsschichten des Oberen Jura (Malm) gefunden, bislang ausschließlich auf der Fränkischen Alb, insbesondere bei Solnhofen und Eichstätt.

Aus dem Unterjura von China stammt auch der Fund eines Säugetier-Fossils, *Hadrocodium wui*, das als ältestes Säugetier im engeren Sinne gilt. Neuere Funde aus dem Mittleren Jura im nordostchinesischen Jiulongshan-Gebirge (Innere Mongolei, Provinz Ningcheng, Daohugou) haben die bisherigen Vorstellungen über die Säugetierwelt des Mesozoikums nachhaltig verändert. Die Gattung *Castorocauda lutrasimilis* (Docodonta), die vor 164 Millionen Jahren im mittleren Jura lebte, ähnelte einem Biber und zeigt bereits die Weiterentwicklung der Säugetiere.[2]

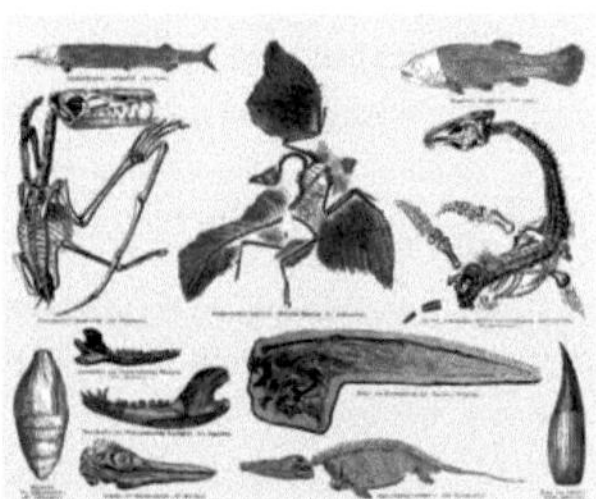

Einige charakteristische Wirbeltierfossilien des Jura (Aus Meyers Konversations-Lexikon (1885-90))

Berühmte „fossile Bauwerke" aus dem Jura Deutschlands sind die Schwammstotzen-Riffe der Schwäbischen Alb. Riffbildungen in kleinerem Maßstab existierten aber auch in Norddeutschland.

Entwicklung der Flora

Die Flora wurde von den Gymnospermen dominiert (darunter die Nadelholzgewächse wie z.B. Mammutbäume und Kiefern, aber auch Ginkgobäume und Palmfarne). Der Jura wird auch als Zeitalter der Palmfarne (Cycadeen) bezeichnet, da diese sehr häufig waren. Den Unterwuchs der Wälder bildeten Farne und Schachtelhalme.

Der Jura in Mitteleuropa

Zu Beginn des Jura transgredierte das Meer, von Norden kommend, zunächst in einem relativ schmalen Bereich Nord- und Westdeutschlands bis nach Süddeutschland. In Nordostdeutschland und Ostdeutschland wurden kontinentale Ablagerungen sedimentiert. Im Mitteljura dehnte sich das Meer dann weiter nach Osten aus. Fast die gesamte osteuropäische Plattform wurde überflutet. Weite Teile Skandinaviens und Teile Böhmens und die Rheinische Insel blieben jedoch Festland während des beinahe gesamten Jura. Böhmische Insel und Rheinische Masse wurden bereits während einer Regression im oberen Mitteljura zu einer Insel und trennten Norddeutschen und Süddeutschen Jura. Am Ende des Jura verlandete Süddeutschland weitgehend, während in Norddeutschland weiter marine oder brackische Ablagerungsbedingungen herrschten.

Fossilfundstellen

Eine bekannte Fundstätte für Fossilien des Unterjura aus der Posidonienschiefer-Formation (z. B. Ichthyosaurier, Plesiosaurier, Krokodile, Fische, Seelilien, Ammoniten) ist Holzmaden bei Kirchheim, am Fuß der Schwäbischen Alb. Das dort ansässige Urwelt-Museum Hauff hat Weltgeltung.

Jurassic Park

Der englische Name für den Jura - *Jurassic* - wurde durch den Film Jurassic Park und seine Nachfolger einer breiten Öffentlichkeit bekannt. Allerdings stammen viele der im Film dargestellten Dinosaurier, so auch *Tyrannosaurus rex* und *Velociraptor*, aus der Kreidezeit.

Einzelnachweise

[1] GSSP Table - Mesozoic Era (https://engineering.purdue.edu/Stratigraphy/gssp/index.php?parentid=35); abgerufen am 20. August 2011.

[2] *Science* (311.2006,1123-1127)

Literatur

* Felix Gradstein, Jim Ogg, Jim & Alan Smith: *A Geologic timescale.* Cambridge University Press 2005, ISBN 9780521786737
* Hans Murawski & Wilhelm Meyer: *Geologisches Wörterbuch.* 10., neu bearb. u. erw. Aufl., 278, Enke Verlag, Stuttgart 1998 ISBN 3-432-84100-0.
* Friedrich August Quenstedt: *Der Jura.* Verlag Laupp, Tübingen 1856-57 (Online-Ausgabe (http://books. google.de/books?id=dLgQAAAAIAAJ&printsec=titlepage)). *Atlas zum Jura*, Verlag Laupp, Tübingen 1858 (Online-Ausgabe (http://books.google.de/books?id=G0AAAAAAQAAJ&printsec=titlepage)), Ergänzung zu *Der Jura*)

Weblinks

* Scotese.com (http://www.scotese.com/jurassic.htm) Karte der Erde im Unterjura (engl.)
* Mineralienatlas:Jura
* Dossier: Der Jura (http://www.g-o.de/dossier-detail-171-2.html) scinexx.de
* Eine südliche Perspektive: Jurassische Wirbeltiere aus Patagonien (http://www.palaeontologische-gesellschaft. de/palges/forschung/forschung.html?/palges/forschung/rauhut/) Von Oliver Rauhut. Web-Site der Paläontologischen Gesellschaft - Forschungsprojekte in der Paläontologie
* Steinkern.de (http://www.steinkern.de/index.php?option=com_content&task=category§ionid=6& id=66&Itemid=107) Fossilien des Jura und deren Fundorte

Trockental

Trockentäler sind durch die Erosion des Wassers geschaffene Täler, die nur noch temporär oder gar nicht mehr über Fließgewässer verfügen.

Hauptgründe:

- Änderungen des Klimas, vor allem zunehmende Trockenheit (Aridität).
- In humiden Gebieten wird Wasser unterirdisch abgeführt. Zwei Prozesse führen zur Bildung dieser Täler: der *Karst* und die Bildung *periglazialer Täler*.

Karsterscheinung: Trockental der Ur-Fils zwei Kilometer oberhalb der Karstquelle Filsursprung

Trockentäler in ariden und semi-ariden Gebieten

In den semiariden niederschlagsarmen Gebieten sind Fließgewässer häufig nur in der Regenzeit oder bei Starkregenereignissen aktiv (intermittierendes Gewässer). Typische Formen sind die Wadis in Eurasien. In Europa, im Mittelmeerraum häufig, sind die *Arroyos* (spanisch), oder die Torrentes (italienisch: Sturzbäche und deren Schotterbetten) und die *Wieds* auf Malta.

In ariden Gebieten, die ehemals Niederschlag empfangen haben trocknen vorhandene Täler aus. Bei den episodisch vorkommenden Regenfällen, die meist sehr heftig sind, werden sie kurzzeitig wieder reaktiviert. In Nordafrika und Vorderasien transportieren *Wadis* das Regenwasser zum Teil über sehr weite Strecken, so dass immer wieder Wüstenbesucher, die sich der Gefahr nicht bewusst sind, in Wadis ertrinken.

Karst-Trockentäler

Die unterirdische Entwässerung ist ein Charakteristikum des Karstes, so dass Trockentäler zum Formenschatz des Karstes gehören. Durch (meist großräumige) tektonische Bewegungen wird ein wasserlösliches Gestein (zum Beispiel Kalkstein, Gips, Salz) angehoben und gelangt in den Bereich des Grundwassers bzw. direkt an die Erdoberfläche. Die Entwässerung erfolgt zuerst oberirdisch. Durch die Löslichkeit des Gesteins und das Eindringen des Wassers an vorhandenen Klüften oder Karren kommt es im Untergrund zur Lösung und damit zur Bildung von Höhlen. Tieft sich der Vorfluter ein, wird der Grundwasserspiegel ebenfalls tiefer gelegt. In diesem Bereich kommt es dann verstärkt zur Bildung von Höhlen und zunehmender Verlagerung der Entwässerung in den Untergrund.

Anfangs nimmt die Wassermenge im Fließgewässer ab (Beispiele für Flüsse mit Versickerungsstrecken: Donauversickerung, Loneversickerung, Oberlauf des Doubs / Loue Quelle, Französischer Jura). Die Versickerungsflächen oder Risse im Kalkgestein werden größer und nehmen die Formen von Ponoren an. Ist dann das Karstsystem (unterirdische Wassergangs- oder Höhlensysteme) groß genug, um das Fließgewässer die meiste Zeit des Jahres vollständig aufzunehmen, wird nur bei großer Wassermenge etwa durch Hochwasserereignisse in Folge von Starkregen oder bei Schneeschmelze das Wasserbett reaktiviert (Turloughs im Burren oder „Hungerbrunnen" auf der Alb). Schließlich verlagert sich das Fließgewässer vollständig in den Untergrund, das ehemalige Tal ist ganzjährig trocken. Eine Besonderheit sind Täler, die trocken bleiben, weil ein Fließgewässer mit großer Reliefenergie in eine andere Richtung durchbrach und ein neues Abflusstal schuf und damit das alte Bett trocken fallen ließ (vgl. Flussanzapfung).

In Deutschland gibt es Trockentäler zum Beispiel auf der Schwäbischen Alb, der Fränkischen Alb, dem südöstlichen Schwarzwald oder den Muschelkalk-Hochflächen im Nordwesten und Südosten Thüringens:

ständig trocken:

- Wental (Albuch, Ostalb)
- Hasental, ein Urstromtal des Miozäns, oberhalb des Filsursprungs (Mittlere Schwäbische Alb)
- Aitrachtal (unterer Teil der Ur-Wutach/„Feldbergdonau" im Schwarzwald)

intermittierend:

- Lonetal und Hungerbrunnental auf der Ostalb
- Helbetal und Schaftal im Nordwesten Thüringens.

Periglaziale Trockentäler

Die Bildung der in Mitteleuropa sehr weit verbreiteten periglazialen Trockentäler fand unter eiszeitlichen Klimaverhältnissen mit Permafrostboden statt.

Das durch temporäres Auftauen oberflächennaher Schichten („active layer", s. Kryoturbation) entstehende Schmelz- und Niederschlagswasser wurde durch die versiegelnde Wirkung des gefrorenen Untergrunds zum oberflächlichen Abfluss gezwungen. Ausgeprägte Gelifluktion ("Bodenfließen") an der wasserdurchtränkten Landoberfläche und die Sedimentverfrachtung durch Schmelzwasserabfluss bildeten in der Landschaft Mulden und Täler aus.

In nachfolgenden Warmzeiten begann durch Auflösung des Permafrostbodens wieder die Versickerung des Flusswassers in den durchlässigen oder klüftigen Untergrund, so dass periglaziale Täler trocken fallen konnten. Ein Beispiel sind die Rummeln im Fläming.

Fouvent-Saint-Andoche

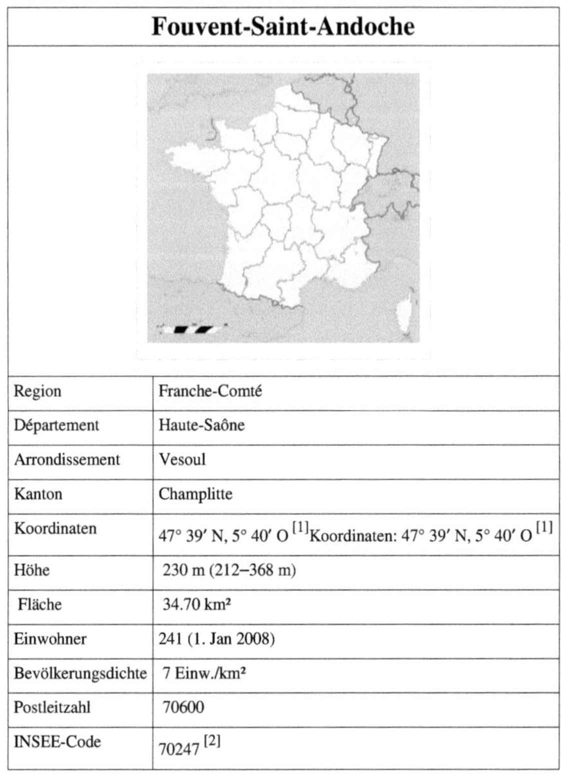

Fouvent-Saint-Andoche	
Region	Franche-Comté
Département	Haute-Saône
Arrondissement	Vesoul
Kanton	Champlitte
Koordinaten	47° 39′ N, 5° 40′ O [1] Koordinaten: 47° 39′ N, 5° 40′ O [1]
Höhe	230 m (212–368 m)
Fläche	34.70 km²
Einwohner	241 (1. Jan 2008)
Bevölkerungsdichte	7 Einw./km²
Postleitzahl	70600
INSEE-Code	70247 [2]

Fouvent-Saint-Andoche ist eine Gemeinde im französischen Département Haute-Saône in der Region Franche-Comté.

Geographie

Fouvent-Saint-Andoche liegt auf einer Höhe von 245 m über dem Meeresspiegel, 12 km ostnordöstlich von Champlitte und etwa 53 km nordwestlich der Stadt Besançon (Luftlinie). Die Gemeinde erstreckt sich im Westen des Départements, in der gewellten Landschaft nordwestlich des Saônetals, am Südfuß des Mont Champot, im Bereich der Talniederung des Vannon.

Die Fläche des 34,70 km² großen Gemeindegebiets umfasst einen Abschnitt im Bereich des Plateaus nördlich des Saônetals. Von Nordwesten nach Südosten wird das Gebiet von der Talniederung des Vannon durchquert, der für die Entwässerung zur Saône sorgt. Der nordwestlichste Teil des Vannon-Tals zeigt allerdings kein oberirdisches Fließgewässer, da der Fluss erst unterhalb von Argillières in mehreren Quellen zutage tritt. Die Talaue, durch die der Vannon mäandriert, liegt durchschnittlich auf 220 m und weist eine Breite von maximal einem Kilometer auf.

Flankiert wird das Tal auf beiden Seiten von relativ steilen Hängen. Diese leiten nach Südwesten zum Plateau von Fouvent über, das eine durchschnittliche Höhe von 250 m erreicht. Auf dem Plateau herrscht landwirtschaftliche Nutzung vor, doch gibt es auch einige größere Waldflächen. Nach Westen erstreckt sich das Gemeindeareal bis auf den *Mont Aubert* mit dem *Bois de l'Hospice*. Mit 368 m wird hier die höchste Erhebung von Fouvent-Saint-Andoche erreicht.

Östlich des Vannon-Tals ist die Landschaft stärker reliefiert. Hier erheben sich die Hügel des *Mont Champot* (335 m) und des ausgedehnten *Bois de Fouvent*. Auch die Senke von *Les Essarts* östlich dieses Waldgebietes gehört zur Gemeinde. Die nördliche Abgrenzung bildet die Höhe von Farincourt (340 m). In geologischer Hinsicht besteht das Gebiet aus einer Wechsellagerung von kalkigen und sandig-mergeligen Sedimenten der mittleren Jurazeit. Auf dem Plateau im Süden treten Schichten der oberen Jurazeit zutage, während das Vannon-Tal mit Alluvionen gefüllt ist.

Die Gemeinde besteht aus folgenden Ortsteilen:

- *Fouvent-le-Haut* (243 m) auf der Anhöhe am Rand des Plateaus westlich des Vannon-Tals
- *Fouvent-le-Bas* (220 m) im Tal des Vannon am Südfuß des Mont Champot
- *Trécourt* (214 m) im Tal des Vannon
- *Saint-Andoche* (234 m) an leicht erhöhter Lage am nordöstlichen Talhang des Vannon
- *Les Essarts* (270 m) in einem Talkessel zwischen den Höhen von Bois de Fouvent und Bois des Essarts

Nachbargemeinden von Fouvent-Saint-Andoche sind Gilley, Valleroy, Farincourt und Bourguignon-lès-Morey im Norden, La Roche-Morey und Francourt im Osten, Roche-et-Raucourt, Dampierre-sur-Salon und Delain im Süden sowie Larret, Pierrecourt und Argillières im Westen.

Geschichte

Das Gemeindegebiet von Fouvent war schon sehr früh besiedelt. Von der Megalithkultur zeugt die Pierre Percée im Bois de Fouvent. Auf dem Mont Champot befand sich ein gallorömischer Siedlungsplatz. Aus dieser Zeit sind Funde von Münzen und Keramikfragmenten bekannt. Auch ein Gräberfeld aus der Merowingerzeit wurde entdeckt.

Fouvent wird als im Jahr 1019 *Fonvenz*, später als *Fonvanne* erwähnt. Der Ortsname leitet sich von *Fons Vennae* ab und bedeutet so viel wie *Quelle des Vannon*. Im Mittelalter gehörte Fouvent zur Freigrafschaft Burgund und darin zum Gebiet des Baillage d'Amont. Mittelpunkt der Siedlungen bildete das Château de Fouvent, eine Burg, die bereits im 10. Jahrhundert existierte. Die Herrschaft Fouvent gehörte zu den mächtigen innerhalb Burgunds und reichte über rund 60 Dörfer. Sie war seit 1203 in der Hand der Familie Vergy. Um 1470 wurde die Burg verstärkt, doch bereits 1472 von Truppen des französischen Königs Ludwig XI. eingenommen. Auch 1569, während des Überfalls durch die Truppen des Herzogs von Zweibrücken, wurde das Schloss teilweise zerstört. Während des Dreißigjährigen Krieges wurden die Ortschaften 1636 schwer in Mitleidenschaft gezogen. Das Schloss wurde von französischen Truppen völlig zerstört. In der Ortschaft Trécourt befanden sich seit dem Mittelalter ein Hochofen und ein Schmiedewerk, das seinen Betrieb im 19. Jahrhundert einstellte.

Bis 1790 gehörte Fouvent zur Champagne. Im Jahr 1800 wurde Trécourt nach Fouvent-le-Haut eingemeindet. 1973 kam es zur Fusion der vorher selbständigen Gemeinde Fouvent-le-Haut (1968: 120 Einwohner), Fouvent-le-Bas (1968: 171 Einwohner) und Saint-Andoche (1968: 83 Einwohner). Heute ist Fouvent-Saint-Andoche Mitglied des 42 Ortschaften umfassenden Gemeindeverbandes Communauté de communes des Quatre Rivières.

Sehenswürdigkeiten

Die Kirche von Fouvent-le-Bas wurde 1851 im klassischen Stil an der Stelle eines früheren Gotteshauses errichtet. In Fouvent-le-Haut steht die Kirche Notre-Dame de l'Assomption, die um 1750 erbaut wurde. Sie besitzt eine bemerkenswerte Innenausstattung, insbesondere den Hochaltar aus reich skulptiertem, bemaltem und teils vergoldetem Holz, der als Monument historique klassiert ist. Eine weitere Kirche (um 1780) befindet sich in Saint-Andoche mit einer Grabplatte aus dem 15. Jahrhundert.

Zu den weiteren Sehenswürdigkeiten zählen verschiedene Häuser im traditionellen Stil der Haute-Saône, darunter ein gotisches Haus in Fouvent-le-Haut, die Statue Sainte-Agathe in Fouvent-le-Bas, zwei Steinbrücken über den Vannon aus dem 17. und 18. Jahrhundert, das Château de la Colombière und eine Kapelle auf freiem Feld bei

Trécourt.

Bevölkerung

Bevölkerungsentwicklung	
Jahr	Einwohner
1962	378
1968	374
1975	335
1982	339
1990	259
1999	258
2006	246

Mit 244 Einwohnern (2007) gehört Fouvent-Saint-Andoche zu den kleinen Gemeinden des Département Haute-Saône. Während des gesamten 20. Jahrhunderts nahm die Einwohnerzahl kontinuierlich ab (1881 wurden auf dem heutigen Gemeindegebiet noch 852 Personen gezählt).

Wirtschaft und Infrastruktur

Fouvent-Saint-Andoche war lange Zeit ein vorwiegend durch die Landwirtschaft (Ackerbau, Obstbau und Viehzucht) und die Forstwirtschaft geprägtes Dorf. Die Wasserkraft des Vannon wurde für den Betrieb von Mühlen genutzt, und in Trécourt bestand bis 1860 ein Hochofen. Heute gibt es einige Betriebe des lokalen Kleingewerbes, vor allem in den Branchen Holzverarbeitung und Baugewerbe. In den letzten Jahrzehnten hat sich das Dorf zu einer Wohngemeinde gewandelt. Viele Erwerbstätige sind deshalb Wegpendler, die in den größeren Ortschaften der Umgebung ihrer Arbeit nachgehen.

Die Ortschaft liegt abseits der größeren Durchgangsachsen nahe einer Departementsstraße, die von Vaite nach Pressigny führt. Weitere Straßenverbindungen bestehen mit Larret, Argillières, Farincourt, Pisseloup und Raucourt.

Weblinks

* Informationen über die Gemeinde Fouvent-Saint-Andoche [3] (französisch)

References

[1] http://toolserver.org/~geohack/geohack.php?pagename=Fouvent-Saint-Andoche&language=de¶ms=47.6444444444_N_5.
      67_E_dim:20000_region:FR-70_type:city(241)&title=Fouvent-Saint-Andoche
[2] http://recensement.insee.fr/searchResults.action?codeZone=70247-COM
[3] http://pagesperso-orange.fr/communautedecommunesdes4rivieres/fouventpr%E9sentation.html

Pierrecourt_(Haute-Saône)

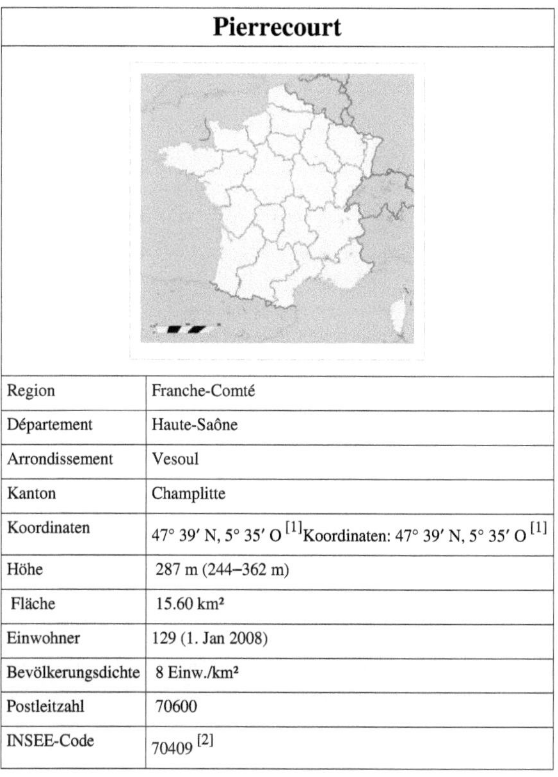

	Pierrecourt
Region	Franche-Comté
Département	Haute-Saône
Arrondissement	Vesoul
Kanton	Champlitte
Koordinaten	47° 39′ N, 5° 35′ O [1]Koordinaten: 47° 39′ N, 5° 35′ O [1]
Höhe	287 m (244–362 m)
Fläche	15.60 km²
Einwohner	129 (1. Jan 2008)
Bevölkerungsdichte	8 Einw./km²
Postleitzahl	70600
INSEE-Code	70409 [2]

Pierrecourt ist eine Gemeinde im französischen Département Haute-Saône in der Region Franche-Comté.

Geographie

Pierrecourt liegt auf einer Höhe von 278 m über dem Meeresspiegel, 7 km nordöstlich von Champlitte und etwa 56 km nordwestlich der Stadt Besançon (Luftlinie). Das Dorf erstreckt sich im Westen des Départements, in der Plateaulandschaft zwischen den Tälern von Salon und Vannon, nordwestlich des Saônetals.

Die Fläche des 15.60 km² großen Gemeindegebiets umfasst einen Abschnitt im Bereich der leicht gewellten Landschaft nördlich des Saônetals. Die Plateaulandschaft liegt durchschnittlich auf 280 m und weist mehrere Mulden und Senken auf, darunter die Combe d'Ambresse westlich des Dorfes, die topographisch zum Einzugsgebiet des Salon gehört. Die Hochfläche besteht aus einer Wechsellagerung von kalkigen und sandig-mergeligen Sedimenten der mittleren und oberen Jurazeit. Auf dem Plateau herrscht landwirtschaftliche Nutzung vor, doch gibt es auch größere Waldflächen, insbesondere entlang der Gemeindegrenzen. Nach Süden erstreckt sich das Gemeindeareal in den *Bois de Groslières,* nach Westen zum *Bois de la Belle Voie* (323 m) und nach Norden bis zum *Trembloy* (314 m). Im Osten bilden die Waldhöhen des *Mont Aubert* mit dem *Bois de l'Hospice* (bis 360 m) die Abgrenzung. Nordöstlich des Dorfes befindet sich die Anhöhe von Saint-Martin, auf der mit 362 m die höchste Erhebung von Pierrecourt erreicht wird. Auf dem gesamten Gebiet gibt es keine oberirdischen Fließgewässer, weil das

Niederschlagswasser im verkarsteten Untergrund versickert.

Zu Pierrecourt gehören neben mehreren Gehöften zwei Weiler, nämlich:

* *Aumônières* (262 m) im Tal der Combe Rouge
* *Saint-Martin* (362 m) auf der gleichnamigen Anhöhe

Nachbargemeinden von Pierrecourt sind Argillières im Norden, Fouvent-Saint-Andoche und Larret im Osten, Courtesoult-et-Gatey im Süden sowie Champlitte im Westen.

Geschichte

Durch das Gemeindegebiet führte der römische Verkehrsweg von Besançon nach Langres. Funde von römischen Mauerfundamenten, Münzen und Gräbern im 19. Jahrhundert weisen auf eine frühe Besiedlung des Gebietes hin.

Ältester neuzeitlicher Siedlungspunkt der Umgebung bildet Aumônières. Hier gründeten die Chorherren von Saint-Antoine um 1095 eine Kommende. Pierrecourt wird als *Petrecuria*, *Pirrecort* und *Pierrecort* erwähnt. Der Ortsname leitet sich vom lateinischen Personennamen *Petrus* und dem Wort *cortem* (Hof) ab. Im Mittelalter gehörte Pierrecourt zur Freigrafschaft Burgund und darin zum Gebiet des Baillage d'Amont. Die lokale Herrschaft hatten die Herren von Fouvent bis 1228 inne, als das Gebiet durch Heirat an die Familie Vergy und damit an die Herrschaften Autrey und Champlitte überging. Der Ort wurde 1569 von Truppen des Herzogs von Zweibrücken geplündert und gebrandschatzt. Auch während des Dreißigjährigen Krieges wurde Pierrecourt 1636 stark in Mitleidenschaft gezogen. Um 1650 wurde der Ort an seiner heutigen Stelle wieder aufgebaut. Zusammen mit der Franche-Comté gelangte Pierrecourt mit dem Frieden von Nimwegen 1678 definitiv an Frankreich. Heute ist Pierrecourt Mitglied des 42 Ortschaften umfassenden Gemeindeverbandes Communauté de communes des Quatre Rivières.

Sehenswürdigkeiten

Die Kirche Saint-Martin zeigt Bauteile aus verschiedenen Epochen. Die ältesten Teile, insbesondere die gotischen Seitenkapellen stammen aus dem 14. Jahrhundert, während das Schiff im 18. Jahrhundert neu erbaut wurde. Die Kirche besitzt einen beachtenswerten Hochaltar aus Marmor. Vom ehemaligen Hospital und der Kapelle (15. Jahrhundert) der Kommende Aumônières sind Ruinen erhalten.

Bevölkerung

Bevölkerungsentwicklung	
Jahr	Einwohner
1962	194
1968	171
1975	149
1982	145
1990	141
1999	134
2006	132

Mit 132 Einwohnern (2007) gehört Pierrecourt zu den kleinsten Gemeinden des Département Haute-Saône. Während des gesamten 20. Jahrhunderts nahm die Einwohnerzahl kontinuierlich ab (1881 wurden noch 427 Personen gezählt).

Wirtschaft und Infrastruktur

Pierrecourt ist noch heute ein vorwiegend durch die Landwirtschaft (Ackerbau, Obstbau und Viehzucht) und die Forstwirtschaft geprägtes Dorf. Außerhalb des primären Sektors gibt es nur wenige Arbeitsplätze im Ort. Einige Erwerbstätige sind auch Wegpendler, die in den größeren Ortschaften der Umgebung ihrer Arbeit nachgehen.

Die Ortschaft liegt abseits der größeren Durchgangsachsen an einer Departementsstraße, die von Vaite nach Chassigny führt. Weitere Straßenverbindungen bestehen mit Champlitte und Argillières.

Weblinks

* Informationen über die Gemeinde Pierrecourt [3] (französisch)

References

[1] http://toolserver.org/~geohack/geohack.php?pagename=Pierrecourt_%28Haute-Sa%C3%B4ne%29&language=de¶ms=47.
     6438888889_N_5.59_E_dim:20000_region:FR-70_type:city(129)&title=Pierrecourt

[2] http://recensement.insee.fr/searchResults.action?codeZone=70409-COM

[3] http://pagesperso-orange.fr/communautedecommunesdes4rivieres/pierrecourtpresentation.html

Feuerstein

Feuerstein (auch *Flint* oder *Silex*) ist ein hartes, isotropes sedimentäres Kieselgestein, das in Mitteleuropa hauptsächlich in Schichten des Jura und der oberen Kreide in Form großer unregelmäßig geformter Knollen oder Platten gefunden wird.

Manche Autoren verwenden stattdessen für beides den Oberbegriff **Silex** und beschränken den Ausdruck „Feuerstein" lediglich auf Silikatgesteine aus der Kreidezeit, während für die Silikatgesteine des Jura der Begriff „Hornstein" verwendet wird. Ein heute ebenfalls etablierter Oberbegriff für Kieselgesteine des Feuer- und Hornsteintyps ist schließlich der Begriff **Chert**.

Feuerstein

Entstehung und Eigenschaften

Die Entstehung von Feuerstein ist nach wie vor nicht vollständig geklärt. Vermutlich sorgen kieselsäurehaltige Lösungen bei der Diagenese (Kompaktions- und Umwandlungsprozesse während der Gesteinsbildung) für eine Verdrängung von Karbonaten durch Kieselsäure. Relikte von Schalen und Skeletten von Kieselschwämmen und Diatomeen (Kieselalgen) in Feuerstein belegen den organischen Ursprung. Feuerstein besteht primär aus Chalcedon, ähnlich wie Jaspis ein kryptokristalliner (Korngröße kleiner 1 Mikrometer) Quarz. Die Feuerstein-Diagenese verläuft in der Regel über Opal-A (amorph), Opal-CT (wie Kreide leicht zu bearbeiten) zu Feuerstein.

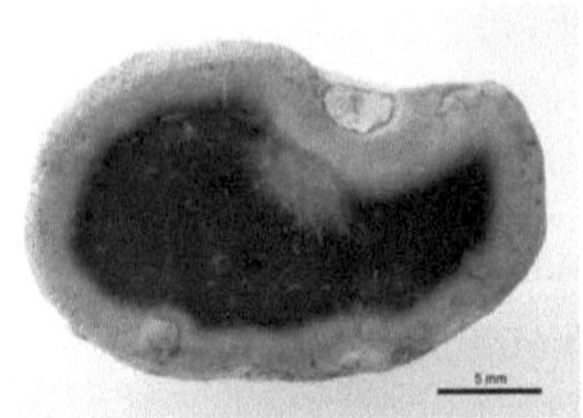

Querschnitt durch eine kleine Feuersteinknolle

Submikroskopische Einschlüsse von Luft und Wasser geben Feuerstein eine helle Farbe, (weißer Flint), Kohlenstoff färbt ihn schwarz. Kristallographisch lassen sich neben Chalcedon unterschiedliche SiO_2-Modifikationen bzw. Varietäten nachweisen: Quarz, Jaspis, Opal, Achat.

Die Dehydrierung der Kieselsäure erfolgt von innen nach außen, wodurch die Feuersteinknollen oft eine zwiebelartige Struktur aufweisen. Deutlich erkennbar ist oft die poröse helle Außenschicht (die so genannte Rinde oder Cortex). Es handelt sich um die diagenetische Vorstufe zu Feuerstein, (SiO_2 x nH_2O), das sog. Opal-CT. Diese ist leicht zu bearbeiten. Die Umwandlung von Opal-CT zu Feuerstein erfordert Jahrmillionen. Die äußeren Schichten können im geringen Maße Wasser aufnehmen, wodurch eine Verwitterung der Oberfläche begünstigt wird.

Feuerstein besitzt eine amorphe isotrope Struktur, das heißt, eine Vorzugsorientierung fehlt. Wenn großer Druck langsam ansteigend oder schlagartig auf einen Punkt des Feuersteins ausgeübt wird, wird die kinetische Energie vom Gestein aufgenommen und breitet sich konzentrisch kegelförmig vom Schlagpunkt ausgehend aus. Bei ausreichend hoher Schlagenergie wird das Gestein durch die sich ausbreitenden Schlagwellen gespalten. Die hierbei entstehende Bruchfront hat meist eine muschelige Form, wie sie auch an zerbrochenem Glas beobachtet werden kann.

Scharfkantige Feuersteinabschläge

Im Bereich einer Bruchstelle weist der Feuerstein auch Schlagwellen auf, die Wallnerlinien. Sie entstehen vor allem bei gezielt abgespaltenen Teilen des Steins, die als Abschläge bezeichnet werden.

Frischer Feuerstein hat meistens eine schwarze bis graue Färbung. Durch Verwitterung wird er zunehmend milchiger; außerdem können auch gelbliche Verfärbungen auftreten. Roter Feuerstein ist eher selten. Er findet sich in Mitteleuropa zum Beispiel im Bereich der Düne von Helgoland, ist aber im gesamten Altmoränengebiet Norddeutschlands verbreitet. Die rote Färbung ist dabei nicht primär, sondern das Ergebnis von Einlagerungen dreiwertiger Eisenverbindungen. In polierte Scheiben geschnitten und in Silber gefasst, wird roter Feuerstein auf der Insel zu Schmuckstücken verarbeitet und verkauft.

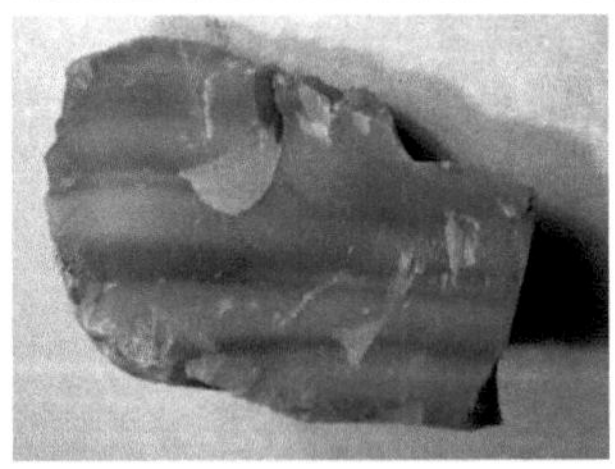

Bänderfeuerstein aus norddeutschem Geschiebe. Die Bänder gehen auf eine rhythmische Einkieselung bei der Entstehung des Feuersteins zurück.[1]

Verbreitung

Verbreitung in Norddeutschland

Im südniedersächsischen Bergland steht Feuerstein als eiszeitliches Geschiebe nur bis an den Harzrand heran und im Leinetal bis etwa Freden, nördlich der so genannten "Feuersteinlinie", zur Verfügung. Außerdem kommt er in weißverwitterter Form in tertiären Sanden des Miozäns des Solling vor und ist als Hornstein aus dem Mittleren Muschelkalk (Göttingen bis Einbeck), Korallenoolith/Heersumer Schichten (Thüster Berg) und Hilssandstein bekannt.

Verbreitung in Europa

Feuersteinvorkommen finden sich in zahlreichen jura- und kreidezeitlichen Ablagerungen. Meist liegen die Knollen mit einer Größe von bis zu 30 cm Durchmesser eingebettet in Kreideablagerungen. Es kommen auch Platten mit Dicken bis zu 20 cm vor. Ferner finden sich Feuersteinknollen in eiszeitlichen Geröllschichten als Teil von Grund- oder Endmoränenablagerungen (Kies) und somit herausgelöst aus ihrem ursprünglichen stratigraphischen Entstehungszusammenhang.

Tonnenschwere Feuersteinblöcke, die wohl im Knollenmergel entstanden sind, finden sich am Flinsberg bei Oberrot, Baden-Württemberg.[2]

Aus Kreidefelsen ausgewaschene Feuersteine auf Rügen.

Feuersteinverbreitung in der Früh- und Vorgeschichte

Auf die Frage, ob Handel oder eher zeremonieller Tausch zur Verbreitung des Feuersteins führte, versuchte eine Schweizer Studie von 2010 Antworten geben. Die Verbreitungskarte des Silex aus der Region Schaffhausen-Singen lässt erkennen, dass die dortigen Varietäten fast pur an Siedlungen der Hornstaader Gruppe der Pfyner Kultur weitergegeben wurden, die in der Region Hochrhein-Bodensee ansässig war. In das Gebiet am Zürichsee, wo zeitgleich die Cortaillod-Kultur beheimatet war, gelangten diese Rohstoffe nur selten. Die Siedlungen an den Zürcher Seen wurden dagegen vorrangig mit Silex aus der Region an der Lägern oder aus dem Raum Olten versorgt. Somit scheint die Verbreitung von Rohstoffen in Bezug zum Kulturraum zu stehen.

Kieselstrand mit Feuersteinen und Granit

Die qualitativ gleichwertigen Knollen aus dem Lägernsilex[3] sind deutlich größer als die Schaffhauser Silexknollen, wodurch sie für die Herstellung größerer Geräte geeignet waren. Trotz dieses Vorteils gelangte Lägernsilex jedoch um 4000 v. Chr. nicht in nennenswerter Menge über die Kulturgrenze hinweg an den Bodensee.

Dies lässt darauf schließen, dass Silexrohstoffe im Untersuchungsgebiet nicht kommerziell gehandelt wurden, sondern dass die Verbreitung auf einer andere Grundlage erfolgte. Der Bezug zwischen dem Hauptverbreitungsgebiet des Rohstoffs und den archäologischen Kulturräumen spricht dafür, dass er nach bestimmten gesellschaftlichen Prämissen verbreitet wurde. Vorstellbar ist ein zeremonieller Austausch von Rohstoffen, Halb- und Fertigprodukten, wobei der soziale Aspekt im Vordergrund stand. Vergleichbare Formen konnten Ethnologen in rezenten und subrezenten Gesellschaften beobachten. Dort dient die Weitergabe von Sachgütern und Rohstoffen primär der Festigung sozialer und politischer Bindungen. Ähnliche Verhältnisse sind offenbar auch für das ältere Jungneolithikum im nördlichen Alpenvorland anzunehmen.

Feuersteinbergwerk

In Europa sind rund 100 Feuersteinbergwerke bekannt. Ein *Feuersteinbergwerk* ist ein steinzeitliches Bergwerk, in dem mit einfachsten Mitteln Rohmaterial für die Herstellung von Feuersteingeräten und -waffen gewonnen wurde.

Siehe auch: Feuersteinstraße

Verwendung

Aufgrund der großen Härte, einer in hohem Maße berechenbaren Spaltbarkeit und der ungemein scharfen Schlagkanten war der Feuerstein in der Steinzeit ein wichtiges Rohmaterial, um schneidende Werkzeuge und Waffen herzustellen.

Ein steinzeitliches Feuerzeug bestand aus einem Feuerstein, leichtbrennbarem Pulver bzw.einfach entzündlicher Faser (Zunder) und Pyrit, aus dem Funken herausgeschlagen wurden (siehe auch: Ötzi). Der eigentliche Feuer-Stein ist dabei das Pyrit oder Markasit, FeS_2, das durch den Schlag entzündet wird und beim Verbrennen Hitze entwickelt. Feuerstein (Flint) ist als Schlagstein nicht zwingend erforderlich, Quarz oder Quarzit sind dafür ebenfalls geeignet.

Vom 16. bis zum 19. Jahrhundert diente Feuerstein in Steinschlosswaffen als Zündhilfe. Er schlug mit hoher Geschwindigkeit auf ein Schlageisen, die dabei entstehenden Funken entzündeten das Schwarzpulver. Darauf lässt sich auch die synonyme Bezeichnung „Silex" (aus dem Französischen) zurückführen.

Feuersteinknollen mit einem natürlich entstandenen Loch, so genannte Hühnergötter, fanden und finden besonders als Talismane Verwendung (zur Theorie über das Entstehen der Löcher *siehe* Paramoudra).

Heute spielt der Feuerstein als Rohstoff eine untergeordnete Rolle. Im Straßenbau wird er in zermahlener Form dem Asphalt zugemischt, um die reflektierenden Eigenschaften von Straßenbelägen zu verbessern. Fein gemahlen dient er als Schleifmittel.

Des Weiteren werden Klingen aus Feuerstein und Obsidian in kleinen Exklusivserien als chirurgische Skalpelle verwendet. Die Kanten einer Feuersteinklinge haben, trotz ihrer dem Stahlskalpell völlig gleichwertigen Schärfe, eine leicht schuppige Oberfläche, die andere Wundränder erzeugt als eine Stahlklinge, so dass diese wesentlich besser und schneller verheilen und auch das Risiko einer sichtbaren Narbenbildung deutlich reduziert wird. Feuersteinskalpelle finden daher in erster Linie bei Schönheitsoperationen Verwendung.

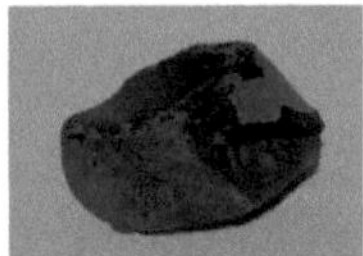

Ein Feuerstein aus der Ostsee (Boltenhagen)

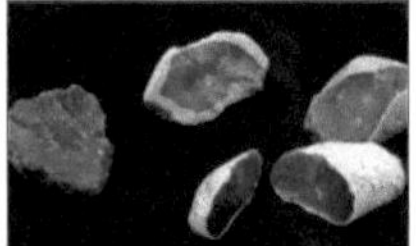

Kleine Feuersteinknollen

Plattenförmige Feuersteinablagerungen.

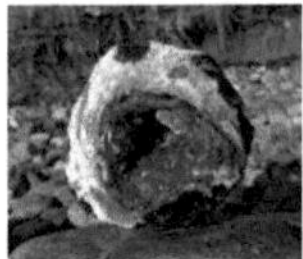

Feuerstein mit Loch

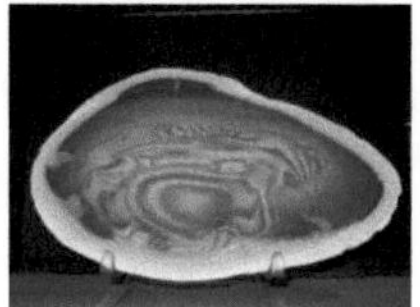

Feuerstein-Scheibe aus Polen

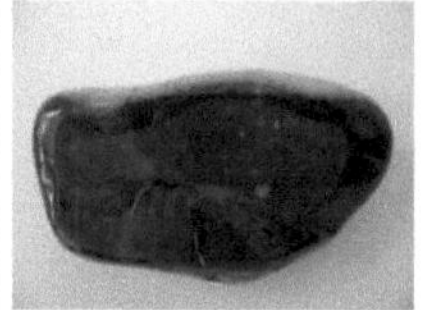

Polierter roter Feuerstein von Helgoland

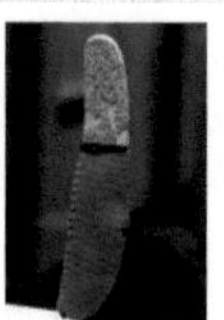

Messer vom Gebel el-Arak, ein Prunkmesser der Prädynastik um 3300–3200 v. Chr. Elfenbeingriff und gelbliche Feuersteinklinge

Urgeschichtliche Bearbeitungstechniken

Während der Steinzeit wurden zahlreiche Techniken entwickelt und ständig optimiert, um aus Feuerstein und anderen Gesteinen Geräte oder Waffen, wie Klingen im Sinne des Messers oder Faustkeile, herzustellen.

Dieses Handwerk erreichte im späten Neolithikum vielerorts (beispielsweise in Dänemark) einen hohen Grad der Kunstfertigkeit.

Feuersteinbeil (*Flintbeil*), Trichterbecherkultur

Schlagtechniken

Im Folgenden sollen einige der wesentlichen steinzeitlichen Techniken zur Bearbeitung von Feuerstein kurz erläutert werden. Vorgestellt werden hier nur Techniken der sogenannten Grundformproduktion (bzw. Abschlagherstellung). Dabei entstehen die beiden Grundformen Kern und Abschlag.

Direkt harte Technik

Mit einem geeigneten Schlagstein (zum Beispiel Quarzitgeröll) wird der Feuerstein (Kern) direkt bearbeitet. Bei dieser Technik entstehen meist relativ große Abschläge.

Picktechnik

Die Picktechnik ist eine Variante der direkten harten Technik. Der Schlagstein ist hier aus sehr hartem Gestein (beispielsweise auch ein Feuerstein) und wird mit einer hohen Schlagfrequenz auf die Oberfläche des Werkstücks geschlagen. Hier wird der Stein durch das flächige Entfernen einer großen Menge kleinster Partikel geformt. Diese Schlagspuren sind deutlich zu erkennen.

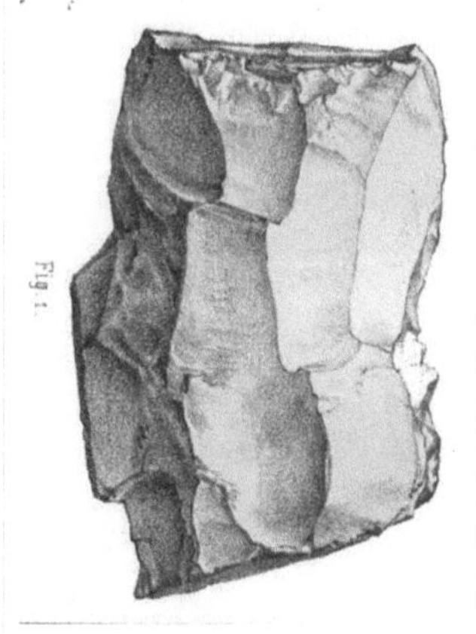

Bipolarer Klingenkern aus Feuerstein

Direkt weiche Technik

Auch hier wird das Werkstück mit direkten Schlägen bearbeitet. Allerdings wird als Schlaggerät ein weicheres Material (zum Beispiel Geweihschlägel) verwendet. Abgetrennte Abschläge sind meist dünn und leicht gewölbt. Mit dieser Technik lassen sich auch gut lange, schmale Abschläge, sogenannte Klingen herstellen.

Drucktechnik

Bei der Drucktechnik wird der Druck nicht schlagartig auf den Feuerstein ausgeübt, sondern langsam zunehmend bis ein Abschlag abgetrennt wird. Hierzu können beispielsweise Druckstäbe aus Holz mit Geweihspitze verwendet werden. Mit einer Drucktechnik, bei der das Gewicht des Oberkörpers genutzt wird, können lange, schmale Klingen erzeugt werden. Andere Drucktechniken eignen sich um eine gleichmäßige Oberfläche (beispielsweise bei Dolchen) zu gestalten.

Punchtechnik

Bei der Punchtechnik kommt ein Zwischenstück aus Geweih zum Einsatz, auf das mit einem ebenfalls aus Geweih bestehenden Schlägel geschlagen wird. Diese Technik ermöglicht eine hohe Energieeinwirkung auf einen bestimmten Punkt. Auf diese Weise können sehr präzise Abschläge hergestellt werden.

Andere Bearbeitungstechniken

Neben den Schlagtechniken wurden noch weitere Techniken eingesetzt um den Feuersteingeräten die gewünschte Form zu geben oder die Oberfläche zu optimieren und Schäftungsvorrichtungen zu erstellen.

Schleiftechnik

Bei dieser Technik wird der Feuerstein auf einem harten, körnigen Gestein (z. B. einem Sandsteinblock) glattgeschliffen. Belegt ist diese Methode bei neolithischen Steinbeilen der Trichterbecherkultur und der Kugelamphorenkultur. Diese wurden entweder komplett oder beidseitig entlang der Schneide überschliffen.

Bohrtechnik

Bohrtechniken wurden seit dem Neolithikum bei Äxten aus Felsgestein (z. B. Basalt oder Amphibolit) eingesetzt, niemals jedoch bei Feuerstein, der dafür schlichtweg zu hart ist. Beim Bohren der Schaftlöcher von Felsgesteinäxten wird ein rotierender Hartholzstab aufgesetzt, der meist hohl ist (Hohlbohrung). Gegenüber der Vollbohrung verringert das den Arbeitsaufwand.

Feuer schlagen

Entgegen mancher Vermutung kann man durch Aneinanderschlagen von Feuersteinen keine Funken zum Feueranzünden erzeugen. Hierzu benötigt man das Mineral Schwefelkies, entweder in der Form von Pyrit (FeS_2), oder Markasit (ebenfalls FeS_2, eine härtere Kristallform). In aller Regel wird der Feuerstein gegen Pyrit/Markasit geschlagen - daher der Name - wobei die Funken allerdings aus dem Pyrit (von griechisch πῦρ *pyr* = Feuer) stammen. Mit Stahl und Feuerstein lassen sich ebenfalls Funken schlagen. Der Stahl muss einen vergleichsweise hohen Kohlenstoffanteil (1,5-2%) aufweisen; dieser findet sich z.B. im Stahl einer Feile (siehe dazu: Feuereisen). Dabei schabt der Stein winzige Späne vom Stahl ab, die durch die Reibungshitze zum Verbrennen gebracht werden. Bis zum Aufkommen der Streichhölzer waren Stahl und Stein das gängigste „Feuerzeug".

Siehe auch

* Helgoländer Feuerstein

Literatur

* Kurt Altorfer: *Silexknollen, Bohrer, Perlen – Neue Einblicke in die Nutzung der Schaffhausener Silexvorkommen.* In: Archäologie Schweiz, Band 33, März 2010
* Alexander Binsteiner: *Vorgeschichtlicher Silexbergbau in Europa*, Bayer. Vorgeschbl. 62, S. 221-229, 1997
* Alexander Binsteiner: *Die Lagerstätten und der Abbau bayerischer Jurahornsteine sowie deren Distribution im Neolithikum Mittel- und Osteuropas.* Jahrbuch RGZM 52, S. 43-155, 2005
* Alexander Binsteiner: *Steinzeitlicher Bergbau auf Radiolarit im Kleinwalsertal / Vorarlberg (Österreich). Rohstoff und Produktion.* Archäologisches Korrespondenzblatt 38, S. 185-190, 2008
* Harald Floss, Thomas Terberger: *Die Steinartefakte des Magdalénien von Andernach (Mittelrhein). Die Grabungen 1979-1983.* Rahden Westf 2002. ISBN 3-89646-851-0
* S. Gayck: *Urgeschichtlicher Silexbergbau in Europa. Eine kritische Analyse zum gegenwärtigen Forschungsstand.* Weißbach 2000
* Gabriele Körlin, Gerd Weisgerber (Hrsg.): *Stone Age - Mining Age.* Der Anschnitt, Beiheft 19, Bochum 2006
* Walter Leitner: *Steinzeitlicher Bergbau auf Radiolarit im Kleinwalsertal / Vorarlberg (Österreich). Archäologische Ausgrabung.* Archäologisches Korrespondenzblatt 38, S. 175-183, 2008
* Walter Leitner, *The oldest silex and rock crystal mining traces in high alpine regions.* In: Stefano Grimaldi and Thomas Perrin (ed.): *Mountain Environments in Prehistoric Europe. Settlement and mobility strategies from Palaeolithic to the Early Bronze Age.* Proceedings of the XV World Congress UISPP (Lisbon, 4-9 September 2006) 26. BAR – International Series 1885, S. 115-120, Oxford 2008
* Peter Vang Petersen: *Flint fra Danmarks Oldtid.* Høst & Søn, København 1998. ISBN 87-14-29524-5
* Michael M. Rind (Hrsg.): *Feuerstein. Rohstoff der Steinzeit. Bergbau und Bearbeitungstechnik.* Museumsheft. Archäologisches Museum der Stadt Kelheim 3. Leidorf, Buch am Erlbach 1987. ISBN 3-924734-60-7
* Weiner, Jürgen: *Kenntnis-Werkzeug-Rohmaterial. Ein Vademekum zum ältesten Handwerk des Menschen.* Archäologische Informationen, Jahrg. 23, Heft 2, S. 229-242
* Weisgerber, Gerd, Slotta, Rainer und Weiner, Jürgen (Hrsg.): *5000 Jahre Feuersteinbergbau.* Ausstellungskatalog Bochum. Bochum, 1980
* A. Zimmermann: *Austauschsysteme von Silexartefakten in der Bandkeramik Mitteleuropas.* Universitätsforschungen zur prähistorischen Archäologie, Band 26, Bonn 1995

Einzelnachweise

[1] K. Gripp: *Erdgeschichte von Schleswig-Holstein.* Neumünster 1964
[2] * G. H. Bachmann und H. Brunner: *Nordwürttemberg: Stuttgart, Heilbronn und weitere Umgebung. Sammlung geologischer Führer, Bd. 90.* Stuttgart, 1988.
  * D. B. Seegis und M. Goerik: *Lakustrine und pedogene Sedimente im Knollenmergel (Mittlerer Keuper, Obertrias) des Mainhardter Waldes (Nordwürttemberg)* In: *Jber. Mittl. Oberrhein. Geol. Ver., N. F. 74. S. 251–302.*
[3] Im Juli 2010 wurden bei Grabungen an der Lägern (zwischen Dieldorf und Baden) Bergbauspuren aus der Steinzeit (4000 v. Chr.) entdeckt

Weblinks

* Englischsprachige Datenbank zu Feuersteinvorkommen in Europa (http://www.flintsource.net)
* Übersicht zu Feuerstein-Vorkommen in Bayern (http://www.uf.uni-erlangen.de/projekte/weissmueller/rohmat/a_page.html)
* Feuerstein-Sammlung (http://www.budstone.de/feuerstein/feuerstein.htm)
* Chemie und Anwendungen des Feuerstein (http://www.chemieunterricht.de/dc2/pyrit/inhalt1.htm)

- Spezialforschungsbereich (SFB) HiMAT. Projekteil: Urgeschichtlicher Silex- und Bergkristallbergbau in den Alpen (http://www.uibk.ac.at/himat/pps/pp05/)
- „Flintknapper's Exchange" (http://flintknappinginfo.webstarts.com/flintknappers_exchange.html) - Englischsprachige Zeitschrift zum Schlagen von Feuersteinen (PDFs der Jahrgänge 1978-79)

Altsteinzeit

Dreiperiodensystem	
Holozän	*Historische Zeit*
	Eisenzeit
	Späte Bronzezeit
	Mittlere Bronzezeit
	Frühe Bronzezeit
	Bronzezeit
	Kupfersteinzeit
	Jungsteinzeit
	Mittelsteinzeit/Epipal.
Pleistozän	Jungpaläolithikum
	Mittelpaläolithikum
	Altpaläolithikum
	Altsteinzeit
	Steinzeit

Die **Altsteinzeit**, auch **Frühsteinzeit**, wissenschaftlich das *Paläolithikum*, ist die älteste und längste Periode der Vorgeschichte. Sie bezeichnet den ältesten von drei Abschnitten der Vor-Metallzeiten, als Werkzeuge aus Steinen, Holz und (in den späten Phasen) aus Knochen von Beutetieren hergestellt wurden. Vor-Menschen und frühe Menschen lebten als Jäger und Sammler.

Die Altsteinzeit beginnt mit den ersten hergestellten Steinwerkzeugen des *Homo habilis* und *Homo ergaster* vor über 2,4 Millionen Jahren in Afrika. Sie endet mit der Entwicklung von Bodenbau und Tierhaltung, was den Beginn der Jungsteinzeit (Neolithikum) markiert. Landwirtschaft entstand am frühesten im Vorderen Orient ("Fruchtbarer Halbmond") etwa 8.000 v. Chr. mit dem Ende der letzten Eiszeit, in anderen Weltregionen wesentlich später. Auch in Europa vollzieht sich der Übergang zur Landwirtschaft später, so dass hier auf die Altsteinzeit zunächst die Mittelsteinzeit (Mesolithikum) folgt.

Unterteilung

Die Altsteinzeit wird gewöhnlich in drei Perioden unterteilt, das Altpaläolithikum, das Mittelpaläolithikum und das Jungpaläolithikum. Innerhalb dieser Perioden unterscheidet man weiterhin bestimmte archäologische *Kulturen*, die primär durch die für die jeweiligen Zeitstufen charakteristischen Werkzeuge abgegrenzt werden und gleichzeitig kulturelle Entwicklungsstufen der Menschheit darstellen. Diese Kulturen sind in geowissenschaftlicher Tradition meist nach den ersten Fundorten des jeweiligen Zeitabschnitts benannt, z. B. Oldowan (s. u.). Die chronologische Ordnung und Abfolge der im folgenden dargestellten Abfolge dieser Kulturen lässt sich nicht weltweit übertragen. Auch die Begriffe "Early, Middle und Later Stone Age" datieren teilweise anders oder sind, abhängig von der Region, zu betrachten. Die folgende Einteilung wird in Mitteleuropa verwendet, wo die längste Forschungstradition herrscht:

Altsteinzeitliche Funde im Wetterau-Museum in Friedberg (Hessen).

- Altpaläolithikum

  - Oldowan, charakterisiert durch Gerölle mit Schneide, sogenannte Chopper und Chopping Tools ab ca. 2,5 Millionen Jahren
  - Acheuléen, charakterisiert durch feiner gearbeitete Faustkeile, zunächst in Afrika, vor ca. 1,5 Mio Jahren, ab etwa 1 Million Jahre auch in Europa. Mit der Herstellung der ersten Steingeräte werden meist frühe Menschenformen wie *Homo ergaster*, *Homo erectus* und *Homo heidelbergensis* in Verbindung gebracht. Aus dieser Zeit stammen die ältesten erhaltenen Holzwaffen (Wurfspeere und Wurfhölzer), z. B. die Schöninger Speere.
  - Clactonien, ein Technokomplex ohne Faustkeile.

- Mittelpaläolithikum - Zeit des Neandertalers (*Homo neanderthalensis*). Levalloistechnik.

  - Moustérien, ca. 200.000 v. Chr. bis 40.000 v. Chr., das durch sehr fein gearbeitete Werkstücke in zahlreichen, auf die Funktion hin gestalteten Formen charakterisiert ist. Typisch sind fein ausgebildete Faustkeile.
  - Micoquien, ca. 130.000 v. Chr. bis 70.000 v. Chr., Technik mit asymmetrischen Faustkeilen
  - Blattspitzen-Gruppen, die flache und ovale Werkzeuge (Blattspitzen) nutzten.

- Jungpaläolithikum (Europa), mit Klingenindustrien:

  - In Mitteleuropa ab 40.000 v. Chr. aus dem östlichen Mittelmeerraum Vordringen des anatomisch modernen Menschen (*Homo sapiens* der Cro-Magnon-Epoche) und vermutlich lange parallele Existenz mit dem Neandertaler
  - Châtelperronien bis ca. 34.000 v. Chr. (regional eingeschränkt, Frankreich und Nordspanien)
  - Aurignacien bis ca. 28.000 v. Chr. erste Tierplastiken und Höhlenmalerei (paläolithische Wandkunst)
  - Gravettien von ca. 28.000 v. Chr. bis ca. 21.000 v. Chr. Erstes Auftreten von Venusfigurinen, u. a. Venus von Willendorf.
  - Solutréen von ca. 22.000 v. Chr. bis ca. 18.000 v. Chr.
  - Magdalénien von ca. 18.000 v. Chr. bis ca. 12.000 v. Chr. Knochenpfeife in Gudenushöhle.

Siehe auch

- Portal:Ur- und Frühgeschichte
- Urgeschichte
- Jungsteinzeit
- Löwenmensch
- Venus von Willendorf

Weblinks

- Überblick über die Altsteinzeit in Oberfranken (Landschaftsmuseum Obermain Kulmbach) [1]
- Altsteinzeit in Nittendorf [2]
- Die Altsteinzeit in Texten und Tabellen [3]

References

[1] http://www.landschaftsmuseum.de/seiten/lexikon/altsteinzeit.htm

[2] http://www.kulturverein-nittendorf.de/altsteinzeit.htm

[3] http://www.praehistorische-archaeologie.de/wissen/die-steinzeit/altpalaeolithikum.html

Ray-sur-Saône

<table>
<tr><td colspan="2" align="center">Ray-sur-Saône</td></tr>
<tr><td colspan="2">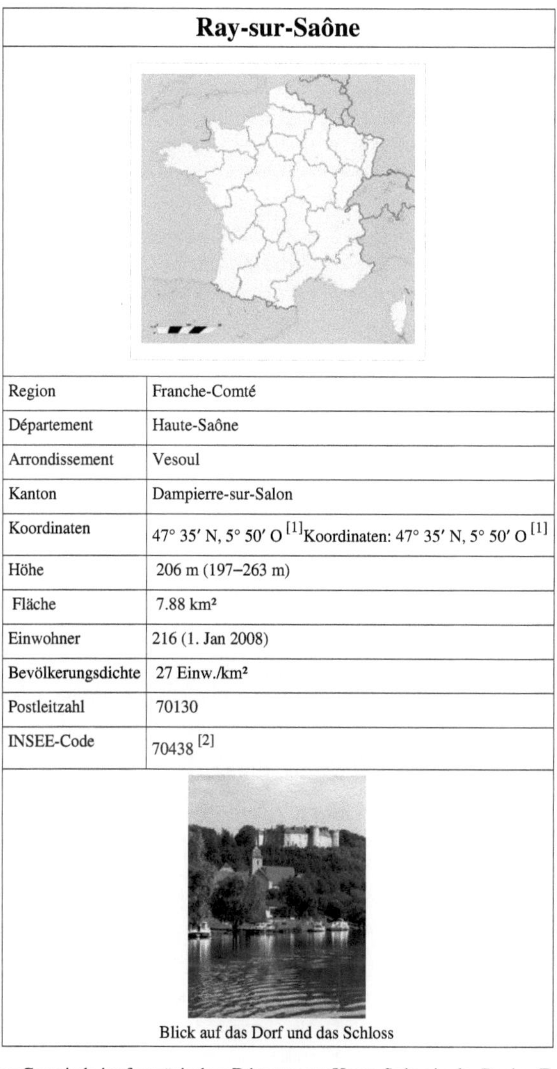</td></tr>
<tr><td>Region</td><td>Franche-Comté</td></tr>
<tr><td>Département</td><td>Haute-Saône</td></tr>
<tr><td>Arrondissement</td><td>Vesoul</td></tr>
<tr><td>Kanton</td><td>Dampierre-sur-Salon</td></tr>
<tr><td>Koordinaten</td><td>47° 35′ N, 5° 50′ O [1]Koordinaten: 47° 35′ N, 5° 50′ O [1]</td></tr>
<tr><td>Höhe</td><td>206 m (197–263 m)</td></tr>
<tr><td>Fläche</td><td>7.88 km²</td></tr>
<tr><td>Einwohner</td><td>216 (1. Jan 2008)</td></tr>
<tr><td>Bevölkerungsdichte</td><td>27 Einw./km²</td></tr>
<tr><td>Postleitzahl</td><td>70130</td></tr>
<tr><td>INSEE-Code</td><td>70438 [2]</td></tr>
</table>

Blick auf das Dorf und das Schloss

Ray-sur-Saône ist eine Gemeinde im französischen Département Haute-Saône in der Region Franche-Comté.

Geographie

Ray-sur-Saône liegt auf einer Höhe von 210 m über dem Meeresspiegel, 24 km westlich von Vesoul und etwa 42 km nordnordwestlich der Stadt Besançon (Luftlinie). Das Dorf erstreckt sich im Westen des Départements, an leicht erhöhter Lage am nördlichen Rand des breiten Saônetals.

Die Fläche des 7.88 km² großen Gemeindegebiets umfasst einen Abschnitt des mittleren Saône-Tals. Die östliche und südliche Grenze verläuft meist entlang der Saône, die hier mit großen Schleifen durch eine breite Alluvialniederung nach Westen fließt. Die Talaue liegt durchschnittlich auf 198 m und weist eine Breite von ungefähr einem Kilometer auf. Der Fluss ist zur Wasserstraße ausgebaut, wobei die Schleifen durch einen Kanal abgeschnitten werden. Deshalb besitzt die Saône hier naturnahe Uferpartien und bildet verschiedenenorts kleine Inseln.

Vom Flusslauf erstreckt sich das Gemeindeareal nordwestwärts über die Talaue und einen rund 40 m hohen Steilhang bis auf das angrenzende Plateau. Diese Hochfläche besteht aus einer Wechsellagerung von kalkigen und sandig-mergeligen Sedimenten der oberen Jurazeit. Die fruchtbaren Böden der Talebene und des Plateaus werden überwiegend landwirtschaftlich genutzt. Nach Nordwesten reicht der Gemeindeboden in die ausgedehnte Waldung des *Bois des Dames* (251 m). Mit 263 m wird auf einer Anhöhe nördlich des Schlosses die höchste Erhebung von Ray-sur-Saône erreicht.

Nachbargemeinden von Ray-sur-Saône sind Theuley und Vanne im Norden, Soing-Cubry-Charentenay im Osten, Vellexon-Queutrey-et-Vaudey im Süden sowie Ferrières-lès-Ray, Recologne und Tincey-et-Pontrebeau im Westen.

Geschichte

Kapelle Sainte-Anne

Das Gemeindegebiet von Ray-sur-Saône war schon sehr früh besiedelt. Die frühesten Zeugnisse der Anwesenheit des Menschen stammen aus der Bronzezeit. Zur gallorömischen Zeit befand sich hier ein Oppidum, das eine Furt der Saône kontrollierte.

Erstmals urkundlich erwähnt wird Ray im 10. Jahrhundert unter dem Namen *Radiaco*. Im Lauf der Zeit wandelte sich die Schreibweise über *Raiaco*, *Raeia*, *Rail*, *Rahil* und *Ras* zur heutigen Bezeichnung. Das Gebiet von Ray gehörte dem Kloster Saint-Vincent in Chalon-sur-Saône, das es 1237 an den Herzog von Burgund abtrat. Im Mittelalter gehörte Ray zur Freigrafschaft Burgund und darin zum Gebiet des Baillage d'Amont. Die Herrschaft Ray existiert seit dem Jahr 1080 und gehörte zu den bedeutenden der Region. Das mächtige Schloss auf der Anhöhe nördlich der Saône war einst von 14 Türmen flankiert. Ray entwickelte sich zu einem Burgflecken und war durch Handel und Gewerbe geprägt.

Mehrfach wurde Ray Opfer von Plünderungen und Zerstörungen: 1439 durch die Grandes Compagnies und 1569 durch die Truppen des Herzogs von Zweibrücken. Während des Dreißigjährigen Krieges wurde der Ort erneut in Mitleidenschaft gezogen und das Schloss teilweise zerstört, als der Herzog Bernhard von Sachsen-Weimar am 22. Juni 1637 hier die Saône mit seinen Truppen überschritt. Zusammen mit der Franche-Comté gelangte Ray mit dem Frieden von Nimwegen 1678 definitiv an Frankreich. Heute ist Ray-sur-Saône Mitglied des 42 Ortschaften umfassenden Gemeindeverbandes Communauté de communes des Quatre Rivières.

Lavoir

Innenansicht des Lavoirs

Sehenswürdigkeiten

Ray-sur-Saône hat das Ortsbild eines spätmittelalterlichen Fleckens bewahrt und ist mit dem Label „Petite Cité Comtoise de Caractère" ausgezeichnet. Im alten Ortskern sind zahlreiche Bürger- und Bauernhäuser aus dem 17. bis 19. Jahrhundert erhalten. Die gotische Kirche Saint-Pancras stammt ursprünglich aus dem 13./14. Jahrhundert und wurde im 16. Jahrhundert verändert. Sie besitzt eine reiche Innenausstattung, darunter das Chorgestühl (17. Jahrhundert), eine Kanzel im Louis-XIV-Stil, Statuen und Gemälde aus dem 16. bis 18. Jahrhundert sowie zahlreiche Grabplatten. Zu den weiteren Sehenswürdigkeiten des Ortes zählen mehrere Calvaires (Steinkreuze), das Maison des Moines (16. Jahrhundert) und das Lavoir (Beginn des 19. Jahrhunderts), das einst als Waschhaus und Viehtränke diente. Es ist mit einem ovalen Wasserbecken ausgestattet und öffnet sich zum Hauptplatz mit vier Arkadenbogen. Auf freiem Feld westlich des Ortes befindet sich die Kapelle Notre-Dame (17. Jahrhundert).

Auf dem Vorsprung nördlich von Ray thront das Schloss, das um 1700 im Louis-XIV-Stil wieder aufgebaut wurde. Die drei Flügel dieser Anlage sind in U-Form angeordnet, wobei der gegen das Saônetal ausgerichtete Hauptflügel von zwei mittelalterlichen Türmen flankiert wird. Das Schloss, das von einem englischen Park umgeben ist, beherbergt ein Museum, in dem Exponate aus der Zeit der Herrschaft Ray ausgestellt sind.

Bevölkerung

Bevölkerungsentwicklung	
Jahr	Einwohner
1962	278
1968	250
1975	224
1982	221
1990	201
1999	192

Mit 214 Einwohnern (2007) gehört Ray-sur-Saône zu den kleinen Gemeinden des Département Haute-Saône. Nachdem die Einwohnerzahl während der ersten Hälfte des 20. Jahrhunderts deutlich abgenommen hatte (1881 wurden noch 509 Personen gezählt), wurden seit Mitte der 1970er Jahre nur noch geringe Schwankungen verzeichnet.

Wirtschaft und Infrastruktur

Ray-sur-Saône war lange Zeit ein vorwiegend durch die Landwirtschaft (Ackerbau, Obstbau und Viehzucht) und die Fischerei geprägtes Dorf. Daneben waren jedoch auch Handel und Gewerbe, das von der Wasserkraft abhängig war (Mühlen, Gerberei) von Bedeutung. Heute gibt es verschiedene Betriebe des lokalen Kleingewerbes, vor allem in den Branchen Feinmechanik, Transport- und Baugewerbe. An der Saône besteht ein Elektrizitätswerk. In den letzten Jahrzehnten hat sich das Dorf zu einer Wohngemeinde gewandelt. Viele Erwerbstätige sind deshalb Wegpendler, die in den größeren Ortschaften der Umgebung ihrer Arbeit nachgehen.

Die Ortschaft liegt abseits der größeren Durchgangsachsen an einer Departementsstraße, die von Vellexon nach Lavoncourt führt. Weitere Straßenverbindungen bestehen mit Membrey und Vanne.

Weblinks

* Informationen über die Gemeinde Ray-sur-Saône [3] (französisch)
* Bilder von Ray-sur-Saône [4]

References

[1] http://toolserver.org/~geohack/geohack.php?pagename=Ray-sur-Sa%C3%B4ne&language=de¶ms=47.5861111111_N_5.
    82722222222_E_dim:20000_region:FR-70_type:city(216)&title=Ray-sur-Sa%C3%B4ne

[2] http://recensement.insee.fr/searchResults.action?codeZone=70438-COM

[3] http://pagesperso-orange.fr/communautedecommunesdes4rivieres/raypresent.html

[4] http://www.ray.sur.saone.org/

Friede_von_Nimwegen

Der **Friede von Nimwegen** umfasst mehrere Friedensverträge, die 1678/79 in Nijmegen (Nimwegen) geschlossen wurden und den Französisch-Niederländischen Krieg sowie damit verbundene Kriege beendeten. Die Verträge sind:

* **10. August 1678**, zwischen Frankreich und der Republik der Sieben Vereinigten Niederlande.
* 17. September 1678, zwischen Frankreich und Spanien.
* 5. Februar 1679, zwischen Frankreich sowie Schweden und dem Hl. Römischen Reich.
* 19. März 1679, zwischen Schweden und Münster.
* 2. Oktober 1679, zwischen Schweden und den Vereinigten Provinzen

Die Verträge sahen vor:

* Dass die Niederlande für die Zusage ihrer Neutralität gegenüber Frankreich und Schweden französisch besetzte Gebiete zurückbekamen.
* Grenzbegradigungen in Flandern.

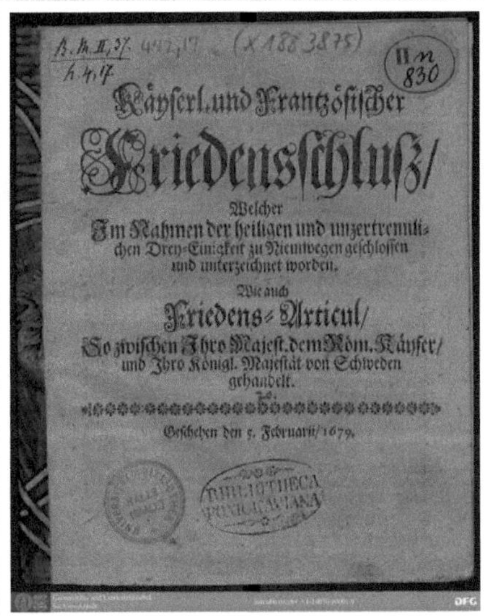

Titelblatt eines Druckes mit dem Frieden von Nimwegen zwischen Frankreich und Schweden und dem Reich.

- Abtretung von Elsass, Lothringen, dem Herzogtum Bouillon, Freiburg sowie mancher anderer deutscher Gebiete zu beiden Rheinseiten an Frankreich, darunter auch Kehl. Der deutsche Volksmund sprach daraufhin bald vom „Frieden von Nimmweg".
- Abtretungen durch Spanien, neben Gebieten im Kernland auch der Freigrafschaft Burgund. Dadurch teilweise Revision des Ersten Aachener Friedens.
- Abzug münsterscher Truppen, die im Schonischen Krieg für Dänemark kämpften.

Spanien und das Heilige Römische Reich sahen sich durch den Vertrag der Niederlande, der der erste war, geprellt und mussten mit ihren Friedensschlüssen nachziehen. Der Friedensvertrag dokumentiert den Machtzenit des Sonnenkönigs, wurde aber durch den Rijswijker Frieden teilweise revidiert. Durch den Frieden des HRR mit Schweden wandte sich der Schonische Krieg zulasten Dänemarks und Brandenburgs.

Article Sources and Contributors

Argillières *Source*: http://de.wikipedia.org/w/index.php?title=Argilli%C3%A8res *Contributors*: JEW, Vodimivado

Haute-Saône *Source*: http://de.wikipedia.org/w/index.php?title=Haute-Sa%C3%B4ne *Contributors*: 1001, Br, Bärski, ChristianBier, Fusslkopp, Gancho, Head, JuTa, Linda.floren, Ludger1961, Mandre, Mikue, Musik-chris, NordNordWest, Onkelkoeln, PatDi, Pbous, Quistnix, Schaengel89, Scooter, Stern, TUBS, Tobias1983, Ulamm, Visi-on, Vodimivado, Voyager, Zeno Gantner, 11 anonymous edits

Franche-Comté *Source*: http://de.wikipedia.org/w/index.php?title=Franche-Comt%C3%A9 *Contributors*: 1001, 4tilden, Aka, All'Arrabiata, Amano1, AndreasFahrrad, Baumfreund-FFM, Blaufisch, Br, Brackenheim, CarstenK, Ceddyfresse, Ciciban, Don Magnifico, Dr. Manuel, Duschgeldrache2, Equinoxx, Eva Henze, Florian.Keßler, FrancoisFC, Fusslkopp, Gancho, Gereon K., Glglgl, HaSee, High Contrast, Island, Jed, Karl-Henner, Knud Klotz, La Corona, Lou.gruber, MAY, MMEKAYHAGAN, Maclemo, Mark in the wiki, Memnon335bc, Mhp1255, Musik-chris, Numbo3, PatDi, Peter PanDa, Pierre Audité, Quinbus Flestrin, Rauenstein, Re probst, Reinhard Kraasch, Schaengel89, Shadak, Sidonius, Sigune, Skimann, Symposiarch, Taxiarchos228, Udm, Umherirrender, Veinsworld, W!B:, Westhover, Wiegels, Zumbo, 29 anonymous edits

Champlitte *Source*: http://de.wikipedia.org/w/index.php?title=Champlitte *Contributors*: Chleo, ChristophDemmer, Skipper69, Vodimivado

Besançon *Source*: http://de.wikipedia.org/w/index.php?title=Besan%C3%A7on *Contributors*: -jkb-, Aka, AlMa77, AlexLevy, Alkor3033, Anathema, AndreasPraefcke, Andy king50, Asthma, BLueFiSH.as, Blaufisch, Borowski, Bärski, CANCER ONE, Cabbie, Chleo, Ciciban, Claude J, Complex, Darev, Dem Zwickelbert sei Frau, Denkfabrikant, Don Magnifico, Dr. Slow Decay, Drahreg01, Désirée2, Eisbaer44, Emes, Engie, FC25, Feba, Flavia67, Frank Reinhart, Freimut Bahlo, Fresh Marv, Fu-Lank, Furfur, Gerbil, H2owasser, He3nry, Henry MC, Hk kng, Hoff1980, Hywel Dda, I Like Their Waters, Jaybear, Jean-Pol GRANDMONT, Jed, Joe Quimby, Johnny T, JøMa, König Alfons der Viertelvorzwölfte, Larumoren, Lou.gruber, Lycopithecus, MAY, MFM, Malebre, Meffo, Moros, Mschlindwein, Naddy, Natellu, Nestrus, Nortmannus, Peter200, PhHertzog, Platte, Prairial, Proofreader, RMeier, Ratinger, Rauenstein, Reinhardhauke, Renhau, Rémih, SCPS, SK Sturm Fan, Saethwr, Sandanie, Schaengel89, Scheppi80, Sd5, Seidl, Sippel2707, Skipper69, Sommerkom, Stern, Stimme aus dem Off, Taxiarchos228, ThoR, Thomas Dürr, Tobiasmarx, Toolittle, Toufik-25, Toufik-de-Planoise, Toufik-de-planoise, Trainspotter, Ttog, TuerckD, Ulfkönges, Varina, Vodimivado, Whispermane, Wrongfilter, Ziegenspeck, Zumbo, Århus, Gù, 95 anonymous edits

Salon_(Fluss) *Source*: http://de.wikipedia.org/w/index.php?title=Salon_%28Fluss%29 *Contributors*: Olaf Studt, Rauenstein, Skipper69, Steffen Löwe Gera

Saône *Source*: http://de.wikipedia.org/w/index.php?title=Sa%C3%B4ne *Contributors*: ++gardenfriend++, 1001, Baumfreund-FFM, Blomike, Chleo, Chriusha, Der Chronist, Dobos, Entlinkt, Fastfood, Gauss, Herzi Pinki, J. 'mach' wust, Jaer, King Kack, Linda.floren, MichaelHaeckel, Musik-chris, Myrisa, Napa, Olaf Studt, Parpan05, Pbous, Prankster de, Quistnix, Rauenstein, Reimmichl-212, Reinhard Kraasch, Robert Schediwy, Skipper69, Speifensender, SteveK, Taxiarchos228, Treue, Visi-on, Vodimivado, 21 anonymous edits

Jura_(Geologie) *Source*: http://de.wikipedia.org/w/index.php?title=Jura_%28Geologie%29 *Contributors*: 36ophiuchi, AHZ, Aa1bb2cc3dd4ee5, Addicted, Aglarech, Agno, Amaltheus, Andre Engels, Asssss, Avoided, BillTür, Caliga, DNA, Daniel 1992, Diba, Diwas, Dominik, Dr. Strangelove, Eisenberg, Elvaube, Engeser, Engie, ErikDunsing, Exil, Fah, Felix Stember, Fester franz, GiordanoBruno, Goodgirl, Griensteidl, Gurt, H0tte, HaSee, Haneburger, Hanno Sandvik, Hans J. Castorp, Hartmann Schedel, Hgrobe, Holder, Howwi, Ingo2802, Irmgard, Iwoelbern, J.-H. Janßen, JFKCom, Jergen, Jpp, Karl-Henner, Kookaburra, Korinth, Krawi, Löschfix, MantisR, Marc Tobias Wenzel, Martin Aggel, Martin-vogel, Martin1978, Melcom, Michael Metzger, Michael.chlistalla, Muscari, Necrophorus, Noki, Numbo3, Osi, Ottomanisch, Panama01, Pittimann, Regi51, Regiomontanus, Reiner Stoppok, RobertLechner, Robodoc, Romanm, Rudolf Pohl, Rufus46, Saperaud, Sig11, Sinn, Small Axe, Sprachfreund49, Stargamer, Stefan Kohler, T.a.k., Taner16, Taxiarchos228, ToddyB, TomCatX, Trilo, Ty von Sevelingen, Tönjes, Ulioceras, Umherirrender, Umweltschützen, Unsterblicher, Urzeit, Varina, Waelder, Wiki-Hypo, Wnme, Xocolatl, YourEyesOnly, Z99-99, Zollernalb, 90 anonymous edits

Trockental *Source*: http://de.wikipedia.org/w/index.php?title=Trockental *Contributors*: 1001, Acf, Albinfo, AxelHH, Bdk, Bärski, Density, Elwe, Florentyna, Geoz, Grabenstedt, Greekfrog, Hewa, Howwi, Icwiener, JCS, Jduckeck, Jivee Blau, Jo Weber, JuTa, Krtschil, Meile, Michael Fiegle, Nichter85, Oderfing, Pittimann, SJuergen, Schonrath, Sisal13, Ulitz, Ulrichstill, Umweltschützen, Ustill, W!B:, WWasser, Wst, 13 anonymous edits

Fouvent-Saint-Andoche *Source*: http://de.wikipedia.org/w/index.php?title=Fouvent-Saint-Andoche *Contributors*: Hystrix, Vodimivado

Pierrecourt_(Haute-Saône) *Source*: http://de.wikipedia.org/w/index.php?title=Pierrecourt_%28Haute-Sa%C3%B4ne%29 *Contributors*: Vodimivado

Feuerstein *Source*: http://de.wikipedia.org/w/index.php?title=Feuerstein *Contributors*: 44Pinguine, Aineias, Andy M. M., Anton, Avron, BLueFiSH.as, Bdk, Cactus26, Carebo69, Chaffner, Chd, Chesk, Claus Ableiter, Club der schönen Mütter, D, Darkone, DasBee, Dede2, Der Messer, DerGraueWolf, DerHexer, DerwahreEMMi, Dishayloo, Elwe, Emkaer, Engeser, Erell, Eschenmoser, Fafner, Faltenwolf, Figure8, Florian Adler, Geos, Gerbil, Gerd-HH, Glenn, Grabenstedt, HCass, HH58, HaSee, Hajumal, Hardenacke, Hbruker, Hei ber, HeinrichBecker, HelgeRieder, Hermannh, Herrmann3000, Hibodikus, Hinnerk, Hl1948, HolGr, Howwi, Hubertl, Ilja Lorek, Iste Praetor, JEW, Jbo166, Jed, Jkbw, Jo Weber, Jordi, JuTe CLZ, Kai11, Kaisersoft, Karl-Henner, Knoerz, Kolja, L47, LS, Lappländer, Liuthalas, Logograph, Lyzzy, Löschfix, MD, MalteAhrens, Marcus Cyron, Mardil, Markscheider, Martin-vogel, Merops, Michael Kühntopf, MichaelDiederich, Nehalennia, Nicolas G., Nolispanmo, Norbirt, OhWeh, Olei, Oliver H., Onkelkoeln, Ordnung, Paco001, Pelz, Pendulin, Peter200, Pirnscher Mönch, Plutos, Pooky, Qniemiec, QuantumSquirrel, Rauenstein, Regi51, Regiomontanus, Reinhard Dietrich, Remindmelater, Romanm, Runghold, S.K., Sagaya, Saperaud, Schlepper, Schlurcher, Schonrath, Scooter, Semperor, Silenus, Silvicola, Sionnach, Steffen85, Stillhart, Suisui, Sven.petersen, Thomas S., Tsor, Turpit, Tönjes, Ulioceras, Valeska, Voyager, W!B:, WAH, WIKImaniac, WOBE3333, Wasserseele, Wiki-Chris, Wikibach, WikipediaMaster, Wolfgang1018, Wuodan, Yak, Zara1709, Zumbo, °, 121 anonymous edits

Altsteinzeit *Source*: http://de.wikipedia.org/w/index.php?title=Altsteinzeit *Contributors*: 1440hoola, Aico, Aka, Alex Gridin, Alfred Nobel, Amurtiger, AquariaNR, Avoided, BLueFiSH.as, Baumfreund-FFM, Befana, Bender235, Bernhard Wallisch, Bierdimpfl, Blackchrimi, Blaubahn, Carbenium, ChrisHamburg, CollectiveStupidity, Conny, DasBee, DerHexer, Diba, Dirgela, Drogya, Dundak, EEP, Geof, Geos, Gerbil, Gerhardvalentin, H0tte, HJJHolm, Haselburg-müller, Hgulf, Ilsebill, Jorre, Jpp, Karl-Henner, Kasper4711, Krawi, Krtek76, Lassowski, Leithian, Manny, Martin-vogel, Mike Krüger, Motte87, Muck, Nepenthes, Nikkis, NobbiP, Odin, Ot, Peter200, Philipendula, Plattmaster, Regiomontanus, Reinhard Kraasch, Ri st, RobertLechner, Romanm, Roo1812, SDB, Sagaya, Sargoth, Septembermorgen, Shiyaki, Southpark, T.a.k., Tsor, Ulrich.fuchs, WAH, Wilske, YourEyesOnly, Zumbo, 136 anonymous edits

Ray-sur-Saône *Source*: http://de.wikipedia.org/w/index.php?title=Ray-sur-Sa%C3%B4ne *Contributors*: Complex, Rauenstein, Vodimivado

Friede_von_Nimwegen *Source*: http://de.wikipedia.org/w/index.php?title=Friede_von_Nimwegen *Contributors*: Aloiswuest, Bahnpirat, Boris Kaiser, Bärski, Ciciban, Cruks, Ennimate, Ephraim33, Erky, F2hg.amsterdam, Florian.Keßler, Frank Schulenburg, GMH, MAY, Memnon335bc, Michail, Milgesch, Mschlindwein, Perrak, Rolf acker, Rybak, SJuergen, STBR, Susu the Puschel, Svens Welt, Tabbelio, Tresckow, Trewal, Triebtäter, UHT, UPH, Uwe Gille, Wigulf, 2 anonymous edits

Image Sources, Licenses and Contributors

Printed by Books on Demand GmbH, Norderstedt / Germany